一般社団法人
持続可能なモノづくり・人づくり支援協会　（略称　ESD21）

＜全社最適ジャスト・イン・タイム経営研究会＞

中堅・中小・町工場向きのＪＩＴ経営入門
－"わくわく JIT 研究"　第１ラウンド報告

― 目次 ―

Ⅰ　はじめに
Ⅱ　機能関係俯瞰図　(現場・本社・ＩＴ各分野のつながりと全社最適)
Ⅲ　進め方の手引き(上からスーッと読んで分かるレシピー)
　　　1 品質管理
　　　2 生産リードタイム短縮入門・初級編
　　　3 生産リードタイム短縮中級・上級編
　　　4 生産技術
　　　5 生産計画と IT
　　　6 わくわく JIT 発の急所
　　　　　〇リードタイム短縮の個別活動と改善効果の関係
　　　　　〇JIT 経営をサポートする鍵指標テンプレート
Ⅳ　コラム
　　　　　〇コラム一覧表
　　　　　〇コラム 27 編（101－127）
Ⅴ　付録
　　　1 付箋集　(JIT をめぐる現場の生の声から出発)
　　　2 JIT 経営システム構築のベースキャンプ　「何をどうする」
　　　　　　　（付箋から構築した what-How の枠組み）
　　　3 分科会編成 / わくわく JIT 研究会メンバー　一覧表

Ⅰ はじめに　"わくわく JIT 経営"の考え方と「テンプレート」の使い方
◆　基本命題　－　「流れを創る　(Create Flow)」

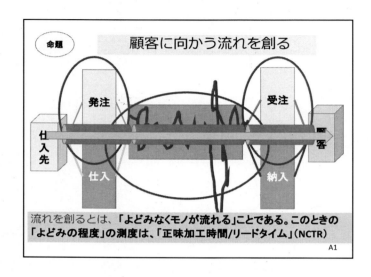

　製品アーキテクチャーが「すりあわせ型」の場合、正味加工時間の数百倍もの待ち時間が流れをよどませているので、よどみを減らして物の流れを改善する余地が大きい。JIT の着眼はここだ。「かんばん」やプル方式というといかにもむつかしそうだが、「早作り」や「まとめ作り」を多少控えるくらいなら誰でも始められる。それが JIT である。
　一方、グローバルサプライチェーンの時代である。少しレベルをあげてみると、社内だけの JIT ではダメ。物の流れだけでなく、金の流れも一体となった流れ創りを狙う。実は日本の上場企業 100 社平均での金の流れ速度（63 日）は米国の上場企業(45 日)に約 20 日負けている[1]。主因の一つは、日本企業の調達の「月次決済」である。米国は 週次決済で、日本のプル生産に学んだ「リーンアカウンティング」では、当日完成品目の代金は自動的に当日支払う、伝票までプルで一掃して間接業務の平準化までを説く。
　我が国にも、「当日受入れ、当日支払い」のソフトは存在するがまだ実行は容易ではない[2]。我が国マクロ経済のためにも、物の流れと一体化の方向で金の流れを改善するときである。

◆　関係性（横のつながり）の重視　－　ＪＩＴ生産からＪＩＴ経営へ

---

[1] CCC: 現金循環化日数＝在庫回転日数＋売掛金回転日数－仕入債務回転日数）
　　国連 CEFACT 日本委員会　提供
[2] 小島プレス工業(株)を中心に「検収と支払の同期化問題」についての実証実験（平成 23 年度金流・商流・物流情報連携研究会報告書）

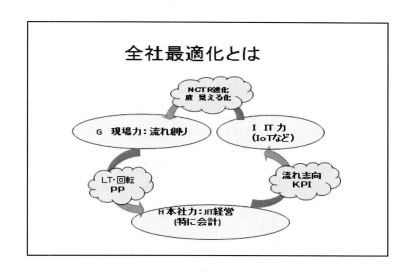

　現場だけのJIT生産では、多少のことはできてもやがて息切れ。「TPSというのはむつかしいものだ」で終わっているケースが少なくない（TPS困難説）。しかし、現場まかせでなく、本社（中小企業の場合は社長自身）とITが、「流れ創り」の価値観でつながってJITをヨイショする「JIT経営」となると話は別で、山は「一気に動く！」（TPS容易説）。どこかが切れているから山はびくともしないが、三つがつながるとどうなるかやってみようではないか、これがわくわくJIT研発足時の着眼でした。

◆　何故、本社力か

　トヨタでも、JITを始めた頃に起きたことだが、流れ改善をスタートした年度は、現場の在庫がかなりガクンと減って本社がびっくりする。(本書コラムNo.119「海外からの駆け込み相談：「在庫減だが利益減！」どうする？」を参照) 今の会計制度は、前世紀初期の大量生産時代に設計されたため、「人や機械などの資源が遊んだら損、モノの待ち時間の長短は原価に無関係」という論理のせいだ。そこで、トヨタの張さんが「皆さんは、モノが機械で加工されている時間が大事だと考えているかもしれないが、機械の傍で、モノが寝ている、待っている時間も同じように大切なのですよ」と説く。張さんの言われることがホントなのだが、制度会計とは整合しないのでは、モヤモヤが吹っ切れない。そこを何とか整合させようではないかというのが、わくわくＪＩＴのテーマの一つである。

　「本社力」というのは、中小企業・町工場でいえば「社長力」そのものといってもよい。当わくわくＪＩＴ参加企業にも、「今にも潰れそうなゴミ箱的工場」をわずか半年で、部分的ながら1個流しのセルラインを実現するところまで変身したマレーシア企業、「スーッと流れる一気通貫」というトップ方針と、（利益ではなく）棚卸資産回転日数という旗印―ＫＰＩ（鍵指標）で、典型的なロット生産工場を3－4年で「かんばん、プル」型へ切り替えたという、超短期のＪＩＴ導入に成功する電子部品メーカーなどの

実例が登場してきた。

　二社の共通項は、「リードタイム短縮」を自ら至上命題に掲げる社長自身の本気度と、経営の現況に対する危機感であった。経営トップの本気度があれば、全社一丸のわくわく感が生まれ、「まとめて作れば台当たりコストは安くなる」「機械を遊ばせたら損だ」といった、JITと真反対の旧価値観や「思い込み」も、社長があそこまでいうならやってみるかと、あっさりと一掃されるという事実であった。トップと本社の「本気のJITヨイショ」。これが「短期に成功するJIT導入」の必須条件の一つとわかってきた。

◆　何故　IT力か

　インダストリー4.0ブーム、"IoT"時代となった。「では我々は何をすれば良いのか」という中小企業のとまどいも見られるが、IoTの前にやるべきことは、効率の悪い設備の見直しなど足元を固めることである。今のままの作業状態の異常でITで瞬時に掴めたとしても、ほとんど何の得もないからだ。

　まず必要なことは、「何のためのIoTか」という価値観を固めること。たとえば、「スーッと流れる1個流し」が最重要ということについて、本社・現場・ITの三者の価値観を統一する。するとそれにつながるIoTのテーマが山ほど出てくる。

　ひとつだけ言えるのは、現場がリアルタイムを狙おうかという時代に、調達と経理のシステムが依然として月次（マンスリー）で廻っていることである。冒頭に述べた、日本のものづくり経営が米国に負けているというのはまさにこの点だ。

　「今日検収・合格した仕入品の代金は今日支払う。」そのためには、「物の流れと金の流れを全社一本のデータベース」で捉えよう。マイナス金利時代だからというのではない、IoTの進化でようやく、金と物の流れをリアルタイムで捉える「超スマート社会」が到来したのである。（本書コラムNo.126「わくわくJIT：インダストリー4．0と中堅・中小企業」を参照）

◆　「這えば立て、立てば歩め」型の**テンプレート（考え方標準）**

　当研究会では、「厳密な意味で「引き方」がまともなのはトヨタのみ」という日本のものづくりの現状も確認された。この現状で、いきなり「プル・カンバン」ではなく、まずは「プッシュ」のままでも、早作りやまとめ作りを多少控えるだけで、結構流れが速くなる。次に少しだけロットを刻んでみよう、それで流れがよくなってわくわくしたら、段取改善でもう少し刻んでみよう、このような段階的にワクワク感を、共有しながら次を目指す。そのようなテンプレート（考え方標準）を作ろうとしている。

　次に重視したのは、「横のつながり」である。現場、本社、ITの横連携はもちろんだが、現場の中も、営業、技術、品質、生産技術、生産計画、調達などの機能が、決して縦割りに陥らぬよう「顧客に向うより良い流れ」をめざして進化し続けることだ。TPS(トヨタ生産方式)の強みもまさにこの「つながり」にありそうだ。当研究会がテン

プレート「Ⅲ進め方の手引き」を作るにあたって重視したのも、Ⅱの「機能関係俯瞰図」で、各機能の有機的つながりと全体最適像を確認することであった。

◆ カスタマイジングのすすめ ⇒ 「合意形成システム再設計」を目指して

　分科会ごとに作成した「テンプレート」は、今後のJIT経営のポイントと方向がレベル別にもスーッと分かるような「考え方標準」となるよう努めた。その「楽屋裏」として、進めたのが「Ⅴ付録」示した、「付箋集」とこれを整理分類した「ベースキャンプ」である。

　付箋集は、業種業態、専門分野を異にするメンバーが、「問題は何か」を1件1枚の付箋に書き付けては意見交換したもので、グチめいたことから高度の提言までそのまま掲載したもの、「ベースキャンプ」とは、この付箋を「何をどうする（what-how）」という形で分類整理したものである。読者には、あるいは本音ベースの楽屋裏を覗いた方が面白いし、参考になるネタも転がっているかもしれない。

　当研究会の第一ラウンドとしては、「何をどうする（what-how）」の関連樹木図の第一次レベルまでの落とし込みを、分科会に分かれて行った。最終的に期待しているのは、下図のような、展開図を「摺りあわせと煮詰めの意思」で合意形成しながら作り上げることで、各付箋の計画上の位置と実行程度を「見える化」することである。企業各位には、本書のテンプレートを、さらに実践行動レベルにまで、自社の業種業態に合わせてカスタマイズしながら落としこむことを期待したい。

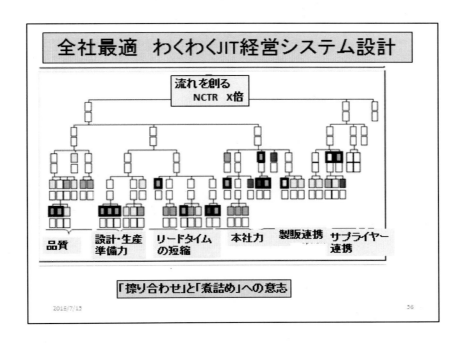

（2016.7.15　「わくわくＪＩＴ研」主査　河田，副主査　野村）

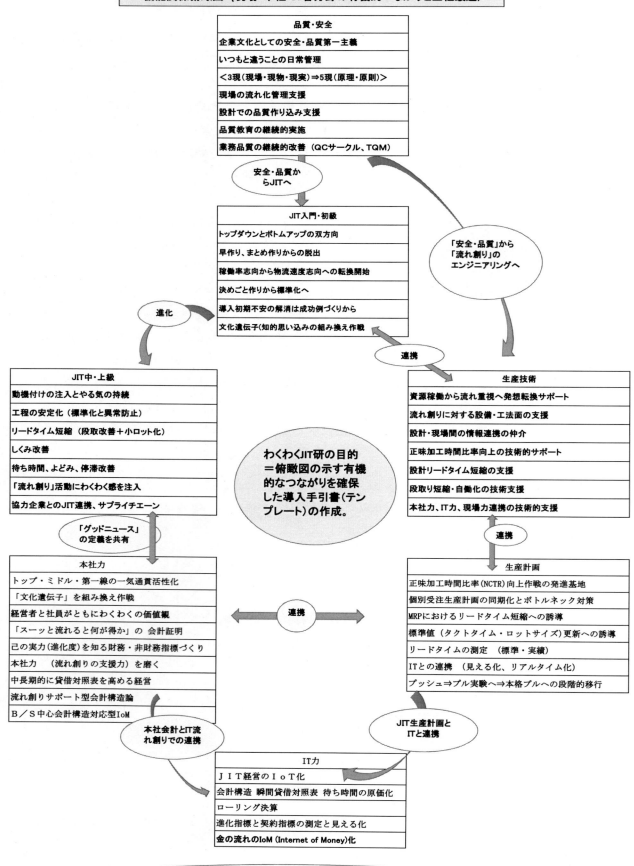

III 進め方の手引き(上からスーッと読んで分かるレシピー)

<III-1> JIT品質管理の取り組み方 ― その1　　品質管理はすべてに優先することから、特に「入門レベル」から提示

区分			レシピー（何をする）	入門	初級	中級	上級
A	品質と人を育てる方針展開	A1	経営トップが企業を支える品質基盤づくりへの決意を宣言する。	○	○	○	○
		A2	すべての前提として、安全を推進する（ポカよけ、危険エリアのアラームなど）。	○	○	○	○
		A3	幹部は経営品質（Management Qality）と社員のわくわく感の高揚につとめ、社員は、手抜きをせず、技・心・チームワークで生産の流れ改善につとめ、(「ほどよい品質」というEOQ的発想を否定して）不具合ゼロの製品を提供する。	○	○	○	○
		A4	中長期の戦略的方針管理でJIT導入を支える品質基盤づくりを方針展開する。特に品質管理は製造現場はもとより、上流の設計部門や協力企業からサプライチェーンまでを含む横連携の取り組みとして、各部門の課題として組み込まれるよう指導支援する。		○	○	○
B	不具合再発防止活動の仕組みづくりとサポート	B1	失敗を活かす仕組みと文化を創る：失敗をとがめないで、失敗を報告しないことをとがめる。再発防止の成功例はしっかりと周知して、チームのわくわく感と自信につなげる。	○	△		
		B2	JIT基盤として、「不良、手直、設備故障やチョコ停」などのトラブルに「5回のナゼ」による真因追究と再発防止を行なう仕組みと習慣を確立する。	△	○	○	
		B3	異音、にじみ、悪臭などの予知技術を高め、蓄積する。またそれを実践できる環境の整備（静寂な環境、汚れのない床・設備など）につとめる。（初級者も床掃除などから）	△	○	○	
		B4	不具合発生時、製造現場と生産技術をサポートして、Man(人)・Machine(設備)・Material(材料)・Method(方法)Measurement(測定)の5Mに関する工程能力を把握⇒「5回の何故」による確実な真因追究と再発防止へ落とし込みむ仕組みをつくる。		○	○	○
		B5	予防保全・メンテナンスが適切に行われる設備保全システムを構築する（点検表→予防保全→予知保全へと進む）。（特に流れ生産においては）、自工程の稼働予定の設備・機械ののトラブルは 全工程に亘って影響を与えるので万全のを期す習慣を初級段階から形成する(点検表など)。		△		
C	自働化原理の促進と作業の流れ化支援	C1	2Sの徹底と不良・手直しの低減から、よどみのない流れ創りをスタートをする。	○	○		
		C2	標準手持ち、安全在庫の量を不具合減少によって徐々に減らしていく。モデルケースは"ヨコテン"する。（表彰対象）		○	△	
		C3	「異常」が生じて自動機械が「止まる」、作業者が自分の意思で自分の作業機械を「止め」て、問題点の見える化するには、平準化による「正常状態」が実現することが前提である。つまり、平準化⇒異常発生⇒止める⇒問題の見える化のサイクルを回すようにする。		○	○	
		C4	問題やトラブルの発生から解決までの時間を測定、認識、短縮（月⇒週⇒日⇒半日⇒数時間以内へと）する仕組みをつくる。進歩した職場を表彰対象とし、わくわく感の高揚をはかる。		○	○	○

（次頁へつづく）

<Ⅲ-1> JIT品質管理の取り組み方 — その2

品質管理はすべてに優先することから、特に「入門レベル」から提示

区分			レシピー（何をする）	入門	初級	中級	上級
D	（作業・業務）標準の作成と更新サポート	D1	作業者は自分の手順を記録した「作業手順書（標準作業）」を作成し、その通りに作業できるか常に確認し、自分の作業と加工品の良否が判断できる技能の早期獲得を目指す。手順中にやり難さを発見したら、ベターなやり方を考え、上司と相談して、標準作業を書き換えて作業する。（これを繰り返すと技能は早く向上する。）	○			
		D2	品質管理部門は生産技術が工程設計で明確にした急所情報を、現場の作成する作業要領書に落とし込む。各工程はその品質急所をこなすスキルを身につける。		○	○	
		D3	「当り前品質（作業標準通り実施したらできる品質）」のための標準作業は、（生産技術、品質部門のサポートのもと）、現場が自分の問題意識で作成する。よりよい方法が見つかれば直ちに標準を作り変える。（標準は欧米型マニュアルではなく、あくまで改善のためのマニュアルである）。モデルケースはきちんと褒めて"ヨコテン"する。			○	○
		D4	生産技術が工程設計で明確にした急所情報を、現場の作成する作業要領書に落とし込む。		○	○	○
		D5	標準は「守らないのではなく、守れない！？」エンジニアの作った標準は現場が使えないことがある。そのときは、品質部門や現場の知恵を得て、作り直す。			○	○
E	自工程の不具合解決（品質は工程で作り込む＝自工程完結）能力向上支援	E1	自工程が品質問題の最終発見場所と心得て、不具合をいち早く次工程に通報する習慣と仕組みを構築する。（これがリードタイム短縮の前提。最終検査場はないものと考えよう。）	△	○		
		E2	SDCA（Standardise-Do-Check-Action：日常管理で発生する異常→是正処置→標準化→遵守）とPDCA（新規・再発の異常への気づき⇒問題解決⇒標準の更新へ）を繰り返し、深化させる。モデルケースは、表彰し"ヨコテン"する。			○	○
		E3	若手管理監督者に過去のトラブル、異常処置、変化点管理の経験・知識を持たせ、アクションを迅速にさせる。			○	△
		E4	品質のバラツキ巾と工法のロバストネス（柔軟性）を追究する。				○
F	作業・業務品質の継続的改善（QCサークル、TQM）と継続的教育の両輪	F1	製造部門のモノの品質と間接部門の業務品質および両者の連携と改善の持続的推進のため、QCサークルとTQMを（決してマンネリ化しないように）進める。			○	○
		F2	管理・監督者に、部下に仕事のやり方を身に着けさせる方法、部下の気持ちを読み取って"やる気"を引き出すTWI教育・QC教育の継続展開。			○	△
		F3	内部監査においてJIT経営を監査対象とし、①改善の方向として（本社と現場）のベクトルが各部門ごとに整合性が保たれているか、②各部門の業務が連携されて進められているか ③SDCA,PDCAサイクルは深堀りが進行しているか の「プロセス監査」を行い、必要な指導・是正を行う。		○	○	○

<Ⅲ-2> 生産リードタイム短縮 入門・初級編 ― その1

JIT快速導入成功体験(マレーシア)のレシピー化

No	レシピー （何をする）	入門	初級	中級
1	トップダウンの方向付けと、ミドル・ツー・トップダウンで幹部が具体化。ボトムアップによるムダ発見と改善活動の3つのベクトルが合致したらJITは加速する。(進まない時は、三拍子のどれかのベクトルが違っているので常に方向性を確認し、修正、補強する。)	○	○	○
2	固有名詞や手法ではなく、まずコンセプト(考え方)を固める。JITの狙いは、強い現場をつくること。それには顧客のご注文に対応できる現場にすることである。つまり、人材育成を前提に、顧客に向かう流れを創る。「仕入れ代金を支払って、売上代金を回収するまでの時間を短縮する」ことである。	○	○	
3	会社をこのようにして行きたいから、JITを導入したいというトップと現場を一緒に歩き、社長が問題だと思っていること、社長は何をどうしたいのか、を現場でよく対話することからスタートする。	○	○	
4	「早作り」、「まとめ作り」を多少控えると、それだけで流れがよくなり手持ち在庫が少なくなって行くのが見えるようになり、わくわくする。今日でなくても、明日でも間に合う仕事はやめて、今日の仕事で忙しい工程の応援に駆けつける習慣づくり。これが出発だ。	○	○	
5	(紙飛行機などを使った)ゲームも使って、プッシュとプルの違い、小ロット化、1個流しが得であることを半日で体得できる教育を実施する。流れ創りと会計との関わりをゲームのはじめに半日の講義と組み合わせるとさらに効果的である。	○	○	
6	5Sのうち2S(整理、整頓)から導入して、現場の今の状況を見える化し、本気のリーダーが作戦をたて、徹底的に理解、実行させる。(2Sによる見える化が、その後のムダとり、品質、PMへの波及効果あり)	○	○	
7	2Sによる見える化で、必要でないものが現場を占領していること、なんと在庫、仕掛りが多いことか？ 死蔵品、手直し品、品質の判定待ち、試作品、修理後のスクラップ、修理部品などの多さ、いかに責任部署不明品が広い面積を占めていたのかに驚く。	○	○	
8	不良品は作らない流さないが基本原則であり、自工程で加工した不具合品は、下流に流さない、自分たちの責任として機械、工程周りに保管する。(2度と同じ不良を作らないを合言葉に改善を徹底する)	○	○	

(次頁へつづく)

<Ⅲ-2> 生産リードタイム短縮　入門・初級編 ― その2

No	レシピー　（何をする）	入門	初級	中級
9	現状を標準作業の3票(工程別能力表・標準作業組合表・標準作業票)を作るということは現在の作業のやり方の記録であり、改善はこれを塗り替えて、作業をやり易くすること、サイクルタイムが短くなることが、JIT導入時の改善にとって不可欠なものである。	○	○	
10	先ずは時間の節約意識向上と自分たちで決めて守る風土づくりを、体格に合わせてモデルラインから。(問題箇所を自分たちで写真にとらせたり、ではどうするかを考えさせたり、その問題解決もチームで取り組み班長が手伝うなど。)	○	○	
11	JIT導入で最初に効果がでるのは、標準作業と作業要領書の適用で品質が良くなることを実感すること。これもわくわく感の高揚になる。(ロットまとめ生産でこれをやると却って足を引っ張ることになるので)小ロット化でも品質が良くなることを意識して進めること。	○	○	
12	標準作業の第1表、工程能力表を作成し、真の工程能力はいくつなのか？ボトルネックの工程は何処なのかをみんなで共有する。		○	
13	作業要領書を現場班長がリードして自分たちで作って、作ったものをみんなで守る癖をつける。(TWI。これをすると確実に品質が良くなり、問題がはっきり見えてくる。)これは、JITにおける改善のための基本ステップであり、問題の見える化を目的に作るもの。見えてくるというより、見えるようにする「見える化」を目的にしたものである。		○	
14	モノと情報の流れ図を(信頼できる先生の指導で)実際に現場に出て、出荷工程から遡って作ってみる。(ある程度準備があると、現状を書くと、どこから改善(流れ化)を進めるとよいかが見えてくる。)(整流化、同期化、平準化が基本。これをどのようにして作るかを指導をして進める)		○	
15	流れの「よどみ」や「待ち」と経理や技術がコスト計算に使用する単なる「加工時間(サイクルタイム)」との違いに気づく。トータルマニュアルサイクルタイムとタクトタイムの関係が理解できると、人が多いのか、足らないのかが見える様になる。		○	○
16	製造部門だけに限定せず、他部門も問題解決に参加する。技術部門、品質部門など上流や他部署でしなくてはいけないことが現場にしわ寄せがきている問題も付箋化、可視化、議論し、解決策を展開する。		○	○
17	ここで社長も会社全体の強化余地に気づき、将来の部門別強化計画では不可能であった全社一丸となった改善により、殆ど在庫を持たなくても顧客対応力が格段に良くなった現場づくりが実現できて、やればできる自信を持たせることがワクワク感の高揚につながる。		○	○

<Ⅲ-3> 生産リードタイム短縮　中・上級編

区分	No.	レシピー（何をする）	初級	中級	上級
動機付け (導入とやる気の持続)	1	まず、JIT生産の素晴らしさを、経営者を筆頭に皆さんに理解してもらう。製造業・非製造部門の両幹部に、ゲームにより、JITの原理(プルと小ロット化)のメリットを体感させる教育機会をもうける。	○		
	2	「小ロット化改善は誰が、何故嬉しいのか」を論理的に明らかにする。 （例：リードタイム短縮が可能となり、顧客満足と競争力が高まる。作業者は、自分達の実力向上のワクワク感。幹部は職場間連携の高まり、キャッシュフローの改善など）	○	○	
	3	JITが成立する前提条件の一つである「受け取ったものは全て良品」を具現化する考え方、「後工程へは絶対に不良品を流さない」ことを徹底するために、調達部門を含めた生産に関わる全ての部門の幹部、担当者のJIT経営の学習を実施(仕入先との連携、指導の在り方の反省と改善)。	○	○	
	4	流れ創りは、待ち時間を含むリードタイムの短縮によって実現することを認識させる。流れ創りの必要性を自社の組織文化・価値観・制度の面から行うべきことのアイデア出しと順序づけをする。(早作りからの脱却、利己から利他へ、縦統治から横連携へ等々)	○	○	
	5	本社は現行の会計情報の棚卸しをして、正味加工時間比率(NCTR)向上をサポートする会計情報を現場に積極的に与える(原材料仕入支出、歩留り費、変動費と付加価値、増分現金収支差額等々)。一方、JITに逆効果のおそれある情報は控える(工程別能率、操業度、稼働率など)	△	○	○
「流れ創り」活動にわくわく感を注入	6	やり方を変えることで、金をかけず身の回りのことから着実に改善。	○		
	7	製販連携プレーをよくする。(オーダーの情報について、仕様の確定、納期、数量の変更など)情報交換頻度、密度を高める。現場は販売の要求にはいつでも対応できる強い現場、販売は無理にロットまとめをしない。不確定な情報でオーダー発行をしないといった連携を進める。(始めはミーティングをしっかり、次にはITを活用して。)	○	○	
	8	改善の結果を、達成程度の確認と表彰などで全員に見える化する。(例：誕生日にふうせんをたてて全員で情報共有して祝うメキシコの工場)	○		
	9	部品ラインと組立ラインの間に同期生産を導入し、停滞を極力なくす。	△	○	
	10	代表的品目およびグループ別に、①個当り直接時間合計 ②個当り平均リードタイム ③正味加工時間比率(NCTR)（＝①/②）を折れ線グラフで、日々更新し、進化程度がわかるように現場で見える化する。	△	○	
	11	売上計画達成下で創造された人・機械・スペースの余剰の活用方策を事前に考えておく。　①追加受注 ②内製化③多能工 ④社内教育（TWI等）や外注先指導 ④新製品、新規事業参入のプロジェクト化などで、雇用確保の経営姿勢を鮮明にする。	△	○	○
	12	管理者によるライン統制から一般従業員によるライン統制（自律化）に移行するために、異常を誰でも簡単に、瞬時に認識できる「目で見る管理（生産管理板）」を導入し、異常処置の対応速度を画期的に高める	△	○	○
	13	全員参加の「品質」、「設備可動率」、「小ロット化」の改善が、別々にではなく、有機的に関係し合って、結果として正味加工時間比率(NCTR)向上につながるようにする。		○	○
	14	並行生産、同期生産によりさらにリードタイムを短縮し、市場要求の変化にどこまでも対応していく。		○	○
わくわくJIT調達力	15	元請け側調達部門とサプライヤー側とで、流れ創り、リードタイム系の価値観と鍵指標の共有化を図る。(例 当日検収、当日支払システム、ミルクラン、多回納入の成果測定の可能性)同時に、多回納入化による事務処理の爆発的な増加に対処するシステム化を行う。		○	○

<Ⅲ-4> 生産技術 －その1　　　わくわくJITをサポートする生産技術とは

区分	No	レシピー（何をする）	初級	中級	上級
A1 発想転換サポート（工場向け）	A11	製造部門にまとめづくりをしない、させない、さらに小ロット化を進めるための生産技術面の指導を進める。(段取り改善技術、ボトルネック対策、レイアウト改善、自製の機械設備、予防保全指導など)	○		
	A12	中小、町工場などの協力企業に、優先順遵守、早過ぎ・まとめ加工の自粛法、非ボトルネックの能率向上よりも応援、多能工化などを指導・支援する。	○		
	A13	工程設計を「作り」と「技術」の両面から支援する。生産計画と連携して、工場全体の生産活動の価値を「資源稼働」から「流れ創り」へと転換させるサポーターとして機能する。	○		
	A14	「（見込みではなく）注文を受けたものを、短いリードタイムで作って、納品したら、すぐお金をもらってくる、よどみのない流れ」という目標を製造部門と共有し、これを生産技術面からサポートする。	○	○	
	A15	よどみのない流れ創りに向けて、タクトタイム、ロットサイズ、リードタイム、あるいは標準手持ち、クリティカルパス、ボトルネック、同期化などのJITの概念、定義を生産計画と共有して現場、本社、IT部門をサポートする。	△	○	
A2 発想転換サポート（会社全体向け）	A21	トップが稼働志向から流れ志向への転換方針を示し、各部門のミドルは、旧文化遺伝子（稼動、能率、部分最適など）の跡のある作業標準や管理指標のチェック、修正を、モデル部門から逐次、実施する。この取り組みを生産技術・本社・製造部門の連携で進める事務局として機能する。	、	○	
	A22	初級レベルの製造現場、協力企業、中小、町工場などに対しては、決め事（標準）づくりからスタートして、異常の発見、適切な処置、標準の見直しのマネジメントサイクルを廻す指導と技術面からの支援を行う。(SDCAを廻す)	○	○	
	A23	「皆さんは、モノが機械で加工されている時間（A）が大事だと考えているかもしれないが、機械の傍で、モノが寝ている、待っている時間（B）も同じように大切なのですよ」張副社長（当時）のコメントの主旨を、流れ創りの中核原理として、「（A）と（B）のバランスのとれた技術サポート」に留意する。	○	△	
	A24	生産技術は流れ創りアクション（①段取改善②小ロット化、③リードタイム短縮））とその結果の表れ方④正味作業時間比率（NCTR）向上⑤在庫回転日数減少⑥余剰資源の発生と活用の枠組みをについて、生産計画、製造部門、本社と言語を共有して進める。	△	○	○
	A25	生産技術は工程設計・工程つくりにおいて、製造部門のミルクラン、多頻度搬送、多回納入などのJIT手法を協力企業や調達先へ、さらに広くグローバルサプライチェーンにまで展開する基軸部門として機能する	△	○	○
	A26	リードタイム短縮のための設備案件を、会計的に費用対効果を説明できるようにする。(LTB配賦による待ち時間の原価化など、外部機関の活用や社内講師の育成など、本社の支援も得て。		△	○
B1 流れ創りに対する工程・設備・工法面の支援	B11	JIT生産の三要件 （①整流化　②平準化、　③同期化）に対し、生産技術からプロセスの流れ化をサポートし、工程設計の中に必要条件として取り込む。	○	○	○
	B12	工程設計・設備計画の際、タクトタイム対応と工程順配置の流れ生産ラインを配備し、流れ指向の製造現場づくりを支援する。	○	○	○
	B13	生産技術は、生産工程設計において、建物入口～各ライン間のつながり～建物出口までの物の流れを一筆書きの一方通行の流れに工程の流れを創り、工場設計も、工場門～各建物の入口～出口～工場出口の物の流れを一筆書きの一方通行の流れとして提案する。	○	○	○
	B14	大きな機械ではなくなるべく小さな機械、出来たら人手に戻してでも、(個別能率よりも)流れがよくなる方法を優先する。	○		
	B15	生産技術は、設計作業と概ね並行、摺り合わせながら、流れ創り志向の工程設計を進める。タクトタイム、ロットサイズ、クリティカルパス、リードタイムを踏まえた「内外製判断」と生産プロセスを設計する。		○	○
	B16	生産技術は、国内外から入手する機械設備・インフラ設備に対し、同期化、流れ創り、NCTR値改善に融合する設備造りによってJITの練り込み・組み込みを行い、製造現場に導入する。	○	○	○
	B17	ニンベンのついた自働化とともに、最新センサー（ミリ波レーダーなど）技術で、必要数以上には作らないことを機械にやらせるAB制御システムの開・改善し、製造と協力して工場に展開する。		○	○
	B18	Iot インダストリー4.0の潮流とJIT経営の理念との融合を図るような流れ創りの極限の取り組みを「NCTR＝1」「 混流&1個流し」「人でなくても済む仕事のIT化、ロボット化」として追究し、工程設計に取り込む。			○

（次頁へつづく）

<Ⅲ-4> 生産技術 その2　　わくわくJITをサポートする生産技術とは

区分	No	レシピー（何をする）	初級	中級	上級
B2 流れ創り活動への取り組み	B21	流れ創り、NCTR値向上の為の各種個別技術導入や指導の成功・失敗体験を、標準作業、チエックシートなどに可視化し、生技部門自体ののノウハウとして蓄積し活用する。	○	○	○
	B22	統一の作業標準作成方法を制定し、製造部門の作業標準は、なるべく早く監督者自身が自分で作れるように、指導、支援する。	○		
	B23	流れ創りのシステムスコープを製造の下流から、上流、設計、営業、調達からサプライチェーン、海外拠点へと拡張する必要とそのタイミング判断を、生産準備業務として取り組む。		○	○
	B24	クリティカルパスの工程数削減によるLT短縮、CAE活用による型、治具等の改良、人と協同できるロボット、その他流れ創りのためのエンジニアリングを随時、提案実施する。		○	○
	B25	JIT経営項目のうち、特に生産技術関連の他社事例を咀嚼し、必要に応じ自社向けにカスタマイズする。		○	○
C 設計・現場の情報連携仲介	C1	設計と製造の連携・調整を促進する技術面のベースキャンプとして機能する。開発設計、製造、生産計画、品質管理、IT部門と連携し、垂直立ち上げ全体最適の流れ改善を目指す。	○	○	○
	C2	生技部門は、工程の完成度向上を目指し、量産開始、号機生産前の設計部門と製造部門の図面事前検討会などの情報交換を仲介し、製造プロセスの作り易さや顧客の観点をより反映した設計情報など、出図前にできることは極力行い（フロントローディング）う。そのため、「情報の流れ化」のサポート役として機能する。	○	○	○
	C3	設計と製造現場の対話を、製品仕様打合せ段階からタイムリーに仲介し、長リードタイム品目の先行手配、タクトタイム遵守のための施策など工程設計上の助言を行う。成功した助言、新たにできたことは、ノウハウとして標準化し蓄積する。	○	○	○
	C5	TNGA（部品共通化）プロジェクトにおける、小ロット化等、流れ創り効果について、JITの視点から確認、活用する。		○	○
D1 味加工時間比率向上支援（工程内）	D11	材料歩留まり向上による材料費低減と環境貢献をすすめるとともに、この原価低減の費用対効果を会計的に説明する。	△	○	○
	D12	製造部門の異常、トラブル発生時の問題解決、再発防止、標準化、ノウハウ作りを技術面から支援する。（同じ失敗を繰り返さない）	○		
	D13	従来原価に直結する「動作分析」、「正味時間分析」に加え、「モノと情報の流れ分析」を結合して、リードタイム短縮（NCTR向上）の姿勢を明確に打ち出す。	○	○	
	D14	過去トラブルのポカヨケ化指導、自主保全化指導、手直し工数ゼロなど、「生産技術」的提案事例のとりまとめとヨコテンをはかる。	○	○	
	D15	正味加工時間比率（NCTR）の向上を基本理念として、製品図の品質を工程別に展開し、全工程に品質規格公差などの品質基準・QC工程表を設定。製造での作業標準に必要な基準データを提供する。		○	○
	D16	必要以上には作らせないことを機械にやらせるシステム開発を行う（AB制御など）。			

(次頁へつづく)

<Ⅲ-4> 生産技術 －その3　　わくわくJITをサポートする生産技術とは

区分	No	レシピー（何をする）	初級	中級	上級
D2 正味加工時間比率向上支援（工程外）	D21	生産技術は、リードタイム測定の簡便法として、LT＝タクトタイム×ロットサイズを、製造担当、計画担当と共有すると共に、小ロット化の取り組みを主導する。	○	○	
	D22	混流・小ロット生産の有効性（次工程必要数への呼応。NCTR値向上と平準化）をモデルラインの上、下流の双方に理解させ、実現したモデルラインでの成功体験を製造部門全体に展開することを支援する。	○	○	
	D24	生産計画、製造部門と共同で「1個でも100個でも同じ原価にせよ」「明日やれば良いものを今日やれば始末書」などの「トヨタの口癖」を、「なぜそうなのか」を、流れ創りの論理で整理し、その社内教育を生産技術面からサポートする。	△	○	
	D25	工程間の実際タクトタイムが、顧客要求タクトタイムを満足しているかを常に検知し、その場に関わる作業者全員が確認できる場所・方法・仕組み（アンドン、生産管理版、IoTなど）を提言する。	△	○	○
	D26	生産技術部門は、流れ創り、NCTR向上目的のために有効な投資（多頻度搬送、ミルクラン、小ロット化などに関わる現場の改善提案）について本社に対し、費用対効果を原単位と会計的の双方で説明する。		○	○
	D27	生技部門は、開発設計リードタイム短縮のため上流部門のコンカレントエンジニアリング、CAD、CAM、CAE、プロトタイピングなどに参画協力し、自らも取り組む。		○	○
F 段取り短縮の技術支援	F1	PDCA, SDCAのサイクルを月M⇒週W⇒日D⇒時間H⇒分Mと徐々に短縮していく製造部門の作戦を（必要に応じIT部門とも連携して）、それに対応できる生産ラインの設置を生産技術面から支援する。	○	○	○
	F2	段取替えサポートとして、製造機械は①ワークをしっかりと保持できる冶具　②タクトタイム以内に加工できる加工ヘッド　③加工ヘッドを製品形状の複雑性、必要性に柔軟に対応・動作させる制御機能を工夫する。	○	○	○
	F3	段取り替え時間の改善的短縮は製造現場で行う（設備稼働停止時間短縮に着目・内段取りの外段取り化等）一方、内段取り時間短縮の設備改革的短縮は生産技術が提言、協力する。	△	○	○
	F4	多少ムリ目のさらなる小ロット化、リードタイム短縮に敢えてチャレンジして、新たに見えてきた問題解決を生産技術面で支援する。		△	○
G 本社力、IT力、現場力の連携支援	G1	製造部門の成功体験を、設計段階と調達先含むサプライチェーン全体にヨコテンし、生産性の中心概念をリードタイム短縮に統一した、（グローバル・ロジスティクス）プロジェクトを展開する。		○	○
	G2	フロントローディング（累積問題解決カーヴの前方シフト）、垂直立ち上げを目指して、開発設計→生産技術→製造　の日常業務の流れの中で、、生産技術は、設計情報、工程設計、調達部品、生産ライン、立ち上げ準備等の課題解決事務局として機能する。		○	○
	G3	流れ創りとそのためのKPI（基幹指標）の向上についての「Top Down（方向づけ）Middle-to-TopDown（具体的課題解決策）Bottom-Up（遵守・異常発見・改善提案）のバランスを、生産技術面からウオッチ、進言、支援する。		△	○

<Ⅲ-5> 生産計画・IT ― その1

初級のプッシュ生産におけるリードタイム短縮の作戦基地としての計画部門の役割。プル・かんばん方式への橋渡しサポート、社内各機能の仲介機能を担当する。

区分		No.	レシピー	初級	中級	上級
A	「作り過ぎは最大のムダ(=LT短縮作戦)」の発信基地としての生産計画部門の役割	A1	生産計画部門は「JIT経営」の現場の発信基地として、生技部門、製造部門、本社と協力・連携して、「縦統治・能率重視」から「横連携・流れ重視」への組織文化の切り換えの中心部門として機能する。	○		
		A2	ジャスト・イン・タイムの二本柱 のうち、生産計画部門は、JITの中核部門。作り過ぎとまとめづくりのムダを減らし、引き寄せづくり(納期に近づけて作る)に近づけていく。(それだけで、資源に余剰が生まれ、納期が守りやすくなる。)初級段階は、「モノの待ち時間」の短縮。、中・上級では、自働化(正味加工時間)要素の重要性が高まる。	○	○	
		A3	生産計画部門は、①製造部門による機械・人の「自働化」度の限りなき向上とボトルネック工程中心の「正味加工時間」短縮 ②営業・生技・IT・設計部門の協力を得て進める「待ち時間」短縮、③ その比率としての生産プロセスの「正味加工時間比率(NCTR)」と棚卸資産回転日数の測定という三つの指標を掌握し、その進化の程度を生産計画の質の向上につなげる。	○	○	
B	プッシュ(押し出し)、個別受注、変種・変量生産の生産計画	B1	「製品・ユニットレベルには、必ず一つのクリティチカルパス品目、部品レベルでは、必ず一つのボトルネック工程が存在する」ことに着目し、「クリティカルパス品目についてのLT短縮と同期化、ボトルネック工程についての正味加工時間の短縮と生産能力増大策を講じる。	○	○	
		B2	初級段階の生産計画の立て方を①過早着手を戒める(納期に引き寄せて作る)②見込み生産から受注生産へ徐々にシフトする③実力に応じて「まとめ作り」から「小刻み・小ロット化作り」へシフトする方向で、ロットサイズを逐次見直す。(それによるLT短縮程度を確認する)	○		
		B3	非繰り返し、受注生産の場合も、「タクトタイム」が使える。「標準的受注数(3台)における標準LT(30日)」という標準タクトの設定をしておくと、台当りタクトタイム＝10日。そこで、実際受注数が6台であれば、6台1回ではなく、「3台ずつ2回に刻んで流す。これにより、平準化、同期化、整流化がやり易く、受注数変動によるタクトタイムやLTのばらつきを抑えることができる。	△	○	
C	MRP(資材所要量計画)と日程計画	C1	工程設計で判明したクリティカル品目のボトルネック工程については、て生産計画段階で、事前に負荷減少策・能力増強策の対策を講じてから適正な生産計画を立てる。	○		
		C2	MRPの日程計画はは受注後直ちに取りかかる「フォアワード(早め)スケジューリング」から納期に引き寄せて作る「バックワード(遅め)スケジューリング」に切り替える。(納期遵守率はその方が高まる。)	○		
		C3	プッシュ方式では、①材料の投入タイミングを初工程着手日に引き寄せ、かつ投入量も絞る「リリースコントロール」を行なう。②工程間の「待ち時間」を徐々に短縮する③ボトルネック工程の正味加工時間短縮策を講じる。(この三つ伴わないとMRPは流れ改善のブレーキとなる。)	○		
		C4	小ロット化開始 ― 各工程の「仕掛品、まず従来の半分」にするため、工程間の標準待ち時間は半分、外注さんとの往復日数は半分などのMRP基準日程短縮の実現可能性(feasibility)を確かめ、パラメーターを変更する。(これにより、現場の改善スタート以前に流れ改善が始まる。)	○		
		C5	営業部門は、数量、納期の変更情報の伝達頻度、精度の向上に努める。(定期生販ミーティング、IT活用、テレビ会議など)	○		

(次頁へつづく)

<Ⅲ-5> 生産計画・IT― その2

区分		No.	レシピー	初級	中級	上級
D	リードタイム測定と設定および短縮活動の発信基地	D1	生産計画部門は、初級段階の製造現場に対し、過早着工(恣意的ロットまとめ)の禁止、工程別能率競争に代わる正味加工時間比率(NCTR)その内訳としての正味加工時間とLTの値とその進化度を生産計画の短リードタイム化に反映させる。	○		
		D2	TPSの二本柱のうちジャストインタイムは生産計画部門、自働化は生産現場の担当。この分担に基づき、生産計画は、リードタイム短縮のうち、「小ロット化によるリードタイムの短縮」を心がけ、、生産現場は主として正味加工時間部分の自働化と段取り改善に心がける。特にボトルネック工程については、生産現場と協力してロットサイズや正味加工時間短縮を含む改善策を講じる。	○	○	
		D3	「自働化」を進める製造現場では、現在、「標準ロットサイズ」は何個か、段取り改善等で、これをどこまで小ロット化するかに集中する。(「工程別能率管理」ではなく、全工程の正味加工時間比率(NCTR)」を見える化する)。		○	
		D4	生技、調達、製造部門と連携して、(MRP、工程設計、標準時間などを持たない)仕入先、中小町工場のLT短縮を支援する。 ⇒主要品目の「モノと情報の流れ図」から工程別の正味加工時間と待ち時間を、ビデオカメラ、ストップウオッチなどで実測。ここからLT短縮活動がスタートする。	○	○	
		D5	品目別個当り標準LTの設定(簡便法): 設計または生産技術の工程設計において、あるべき標準LTを、販売戦略を踏まえて設定する。生産計画部門は、標準リードタイムを生産計画に反映させる。	△	○	
		D6	繰り返し生産の場合、単位時間当たり売れる量の逆数(6分=60分/10個)がタクトタイム(1個当たり売れる時間間隔)であるから、「ロットサイズ(10個)×タクトタイム(6分)=LT(60分)」という簡便法(野村メソッド)で「設計・生産準備段階で判明するLT」の改善対策を生産計画に反映させる。	△	○	
		D7	工程設計段階では、さらに工程別の標準段取時間+標準正味加工時間が分かるので、ボトルネック対策を中心に平準化・同期化・整流化対策を事前対策する。	△	○	
		D8	生産計画部門は、「待ち時間の原価化」のロジックにより、「作り過ぎは最大のムダ」とするJIT生産の合理性を、本社・製造部門、生技部門、調達・IT部門とも連携して、「LT=加工費」概念の全社的共有につとめる。	△	○	
E	プル生産・カンバン方式への移行開始と移行完了	E1	MRP処理の変更(早め計画⇒遅め計画、手配の小ロット化、タイムバケット(処理の最小時間単位)の短縮(月⇒1/2月⇒週⇒)1日以下)を通じ、計画情報の精度を高める一方、製造部門の材料投入、セル生産、U字型モデルラインなどの部分的なプル方式導入を支援する。	○		
		E2	プル・カンバン方式適用範囲が拡大する過渡期では、MRPは日次で実績生産量を入力し、設備・人員計画等の生産準備目的のために使用する。生産計画目的としてののMRPは廃止に向かう。材料手配までカンバン化すると、MRPは完全に不要となる。		○	○
F	生産計画機能のIoT化と鍵指標の本社・現場横連携	F1	生産計画部門は、生産現場で進行するIoT化に並行して、JIT生産の原単位情報 (品目別リードタイム、工程進捗状況などの物の流れ)の測定、本社会計の貨幣次元情報(金の流れ)と現場の物量次元情報の一元化で、全社のKP体系を構築するプロジェクトのまとめ役として機能する。		△	○
		F2	「自働化とJITの進化」の価値観に支えられたIoT ⇒ 物と金の情報の流れの一体把握、「流れ創り・平準化・整流化」による、問題の即時発見・処置体制、改善サイクルの極少化を実現する。(インダストリー4.0)			○
		F3	「自働化とJITの進化」の価値観に支えられたIoT ⇒ 物と金の情報の流れの一体把握、「流れ創り・平準化・整流化」による、問題の即時発見・処置体制、改善サイクルの極少化を実現する。(インダストリー4.1)			○

Ⅲ－6 付表－1 リードタイム(LT)短縮改善と個別効果の関係 （「どの改善アクションが何に効いてくるのか」の見える化）

リードタイム内訳	No	改善アクション	原単位 LT短縮&NCTR	財務値(新) LTB原価	財務値(旧) DTB原価	個別効果 工数	在庫	スペース	出来高・設備余力	設備能力	品質
1 正味加工時間	1	段取り替え時間短縮	○	○	×	△	×	×	○	×	×
	2	小ロット化	○	○	×	×	○	○	×	○	○
	3	正味加工時間(NCT)短縮	○	○	×	×	×	○	○	○	×
	4	ボトルネック設備の能力アップ	○	○	×	×	○	○	○	○	×
	5	ローディング・アンローディング時間短縮	○	○	×	×	×	×	○	○	×
	6	工程間搬送時間短縮	○	○	×	×	×	○	○	×	○
	7	手直し時間短縮	○	○	○	○	×	×	○	×	○
	8	不良率削減	○	○	○	○	△	△	○	×	○
	9	設備故障、チョコ停対策	○	○	×	○	○	×	×	×	×
	10	工程内手持ち時間短縮	○	○	×	×	×	△	×	×	×
	11	標準手持ち見直し	○	○	×	×	○	○	×	×	×
	12	整流化	○	○	×	×	×	×	○	×	×
	13	同期化	○	○	×	×	○	×	×	×	○
	14	工程集約・工程数削減	○	○	×	○	×	×	×	×	○
2 待ち時間	1	工程間仕掛かり待ち時間短縮	○	○	×	×	○	×	×	×	×
	2	中間在庫・仕掛品在庫低減	○	○	×	×	×	○	×	×	×
	3	完成品在庫低減	○	○	×	×	○	○	×	×	×

本表の見方 (例)

○ No.1の段取り替え時間の短縮というリードタイム短縮アクションは、小ロット化とLT(リードタイム)短縮効果とNCTR(正味作業時間比率)増加を通じて、設備余力を発生させる（設備増やさず、追加受注が可能となる。それでも現行のDTB (直接時間基準配賦)の製品原価は下がらないが、待ち時間にも製造間接費を配賦するLTB(リードタイム基準配賦)で計算すると製品原価は下がっていることが分かる。

○ No.2のロット化は、工数低減と設備余力には効いてこない。DTB原価も下がらない。しかし、その他の個別効果にはロット化はすべてでプラスに効いており成長戦略活動であり、(DTB配賦の)原価低減を目的とするものではないが、実は、原価も下がっている。この点を、本社を含む関係部門でしっかりと共有する。

○ NCTR, LTBとDTBの詳細については、本書のコラムNo.111、およびコラムNo.118参照。

－17－

< Ⅲ-6 付表2 > 鍵指標(KPI)テンプレート－その1 (現場力系)

◎ 進化指標(よくなり続けるべき指標)と契約指標(環境要因によって上下動がある指標)を区別すること。
(JIT経営のわくわく感の源泉は進化指標の見える化と全社的共有にある。)

現場力(非財務・原単位)

	指標名	算式	重要度	備考	本社・SBU	営業	設計・生技	生産計画・IT	製造工程	調達	海外子会社	品質
1	正味作業時間比率 (NCTR: Net Conversion Time Ratio)	Σ標準作業時間/Σリードタイム	AA	当日入庫品目別 ローリンググラフ (よくなりつづけるべき進化指標)			○	○	◎			
2	当日工程別生産性	(Σ標準出来高i—先物時間)/Σ該工程内仕掛在庫時間	B	財務の回転率指標に相当する原単位の進化指標。毎日、30日ローリンググラフ			○	○	◎			
3	平均リードタイム	当日入庫品目Σ実際リードタイム/入庫品目数	AA	当日入庫品目別の「着手—完了日」の総和/件数、外製 内製、購入品別 ローリンググラフ				◎	○			
4	優先順序遵守度	内作、外作、購入品 顧客納期優先順対実際完了順	B	生産現場 工程別 (進化指標)				○	◎			
5	調達品JIT入庫率(業者別)	(納期遵守良品入荷品目数—過早入荷品目数)/当月納入計画品目総数	A	調達部門および業者別効率 (進化指標)(日々測定、ローリング)				○		◎		
6	直行率	ロット全数良品完成率	A	製造部門トータル (進化指標)(日々測定 ローリング)					◎			○

適用部門

◎ 本テンプレートは「すり合わせ型製品」の「流れ創り」という価値観を全社最適で形成するための指標と適用部門であくまで例示であり、「考え方」標準である 自社の業種、業態、製品アーキテクチャー、顧客条件などに基づいて、本テンプレートをカスタマイズし、自社最適のKPI体系を設計する。

◎ 「その指標が形成しようとする価値(何が良くなるのか)」、その指標の「適用部門」と「重要度」を位置づけながら、全社最適版を設計する。企業の組織文化は、この指標提携で形成される。

◎ No.12は流れ改善による「貸借対照表の質」向上を測定。No.15は、欧米のCCC(Cash Conversion Cycle)が支払いサイト延長を誘発する点を補正した「三方良しJのスマートKPI。(いずれも、わくわくJIT研オリジナル)

(次頁につづく)

<Ⅲ-6 付表2> 鍵指標(KPI) テンプレート - その2 (本社力系)

	指標名	算式	重要度	備考	本社・SBU	営業	設計・生技	生産計画・IT	製造工程	調達	海外子会社	品質
1	一人当たり売上高	=売上(収入)/人数(マクロ生産性)	AA	日々測定可能、余力の創造目的 人を減らさず売上(付加価値)増 製品事業別	○		○	○	◎	○		
2	就業1H当たり、営業活動キャッシュ増	=(営業収入-支出)/就業工数	A	日々測定可能、中小・町工場、入門編はこれだけでも可。成長戦略使用(分母は一定)			○	○	◎	○		
3	社員一人当たり付加価値	=売上高-直接材料・外注費)/人数	A	(製品事業別、12ヶ月ローリング)	○	○	○	○	◎			
4	時間当たり付加価値	=付加価値/Σ就業工数	B	アメーバ方式(モジュラー型製品)		○		○	○			
5	変動費比率	=変動費/売上高(製品別)	A	設計部門 生技部門 調達部門	○		◎			○		
6	固定費当り売上原価	=売上原価/固定費	A	海外子会社の生産性(進化指標)(海外で売上高や営業利益は不適)						○	◎	
7	売上高営業利益率	=営業利益/売上高	A	設計・生技部門に「製品別」に測定(製品別損益・付加価値と製品市場戦略)	○	○	◎					
8	仕掛品回転率	=売上原価/仕掛品・製品	A	流れ創り進化指標(逆数×365=回転日数)現場のNCTRとつながる流れ創りの中軸指標			○	◎	○			
9	製品回転率	=売上高/製品	A	販売部門の効率(進化指標)営業部門の受注予測精度		◎		○				
10	材料回転率	=材料費/材料	A	調達部門の調達効率(進化指標)相場材のコントロールを行いながら。				○		◎		
11	ROIC(Return On Invested Capital) 投下資本利益率	(税引き後)営業利益/投下資本(=総資産-無利子負債)	A	全社、事業部の契約条件(環境条件で上下動する)、四半期ローリングのトレンド。	○						○	
12	BSQ (Balance Sheet Quality) 貸借対照表品質	(棚卸資産+受取債権-現金預金)+(流動負債+負債純資産合計)	A	流れ創りが進化すると、貸借対照表の質がよくなる。全社および事業ユニットのKPI。	◎	○		○			○	
13	PP(ProfitPotential)利益ポテンシャル	=営業利益/棚卸資産=営業利益/売上高×売上高/棚卸資産	A	(進化指標) イノベーションとオペレーションの両立。利益だけではなく、利益を在庫で割る。			○	◎	○			
14	持続的成長指標	=売上高営業利益率+売上高減価償却費比率+売上高研究開発費比率	B	売上高営業利益率、先行投資など大事なことを犠牲にしてはならないことを明示する。	◎	○					○	
15	SCCC(Supply Chain Cash Conversion Cycle)	=売上債権回転日数+在庫回転日数+支払債務回転日数	A	サプライチェーン進化指標、日本は月次調達のため、この指標で米国に負けている。	◎	○		○	○	○	○	
16	長期停滞品チェック	帳簿棚卸、不良滞留在庫、売掛、支払債務	B	業務品質+異常チェック(毎月MRP)BSQ(貸借対照表の質)が良くなる。	○	○		○	○		○	○

本社力〔財務〕

＜全社最適ジャスト・イン・タイム経営研究会＞

中堅・中小・町工場向きのＪＩＴ経営入門
　－"わくわく JIT 研究"　第１ラウンド報告

わくわくJIT コラム集 へのご招待

◎ JIT生産の導入成功率が低い現実は、「リードタイム(LT)を短縮するのは何のため？」というJITの根の部分(価値観と指標)を、現場だけでなく本社やIT部門を含めて共有できれば一気に突破できるのではないか。そのようなことを可能にするテンプレート(考え方標準)を作れないだろうかという問題意識がわくわくJIT研の出発点。

◎ そのため、入口は現場中心に「這えば立て、立てば歩め」ができるよう、テンプレート内容の初級、中級、上級の符号を付した。中・上級は後回しにしてでも、入門・初級は確実に習得していく。何しろ、JITというと「プル」や「カンバン」が出てくるがそんなことはない。プッシュのままでもわくわくする流れ創りは山ほどある。

◎ そのようなJIT導入成功事例（および失敗事例も）、これならやれそうだと読者の自信につながりそうなものをコラム化した。一方、出口の中上級のレベルも妥協は避けた。特に、在庫が減ると利益がドカっと減る「JIT初年度現象」や障壁となる「短期利益偏重傾向」とJIT経営はどう向き合うかなど、今やブームの観のあるIoTも含めて、「物の流れ」、「金の流れ」、「情報の流れ」の一体化というスマート社会のあり方についても、何とか「頭出し」を試みた。

◎ 各コラム内容が属する分野　（現場、本社、ITの各別）も表示したので、先ずはご自分の領域、次には隣接領域のご理解に努めていただきたい。生き物としての企業が元気を出すJIT経営では、「横のつながり」が生命線だからだ。

コラム一覧表　　＜Ⅳ-1＞　コラム集への招待　－　JIT経営の着実な習得を目指して

No	テーマ	キーワード（テーマの内容・趣旨）	実力レベル 入門・初級	実力レベル 中・上級	部門 現場力	部門 本社力	ITカ
101	JIT導入初期不安の解消	TPSはウチにはムリだ、向いていない？⇒なるほど、これならやれそうだ！	○		◎		
102	わくわくJIT：土壌を耕そう：JIT以前の「日常管理」とSDCA	仕事をする、進化するとはどういうことか。	○		◎		
103	わくわくJIT入門マレーシア企業　ごみ屋敷	「社長の本気」で超短期導入。紙飛行機ゲームで「1個流し」のメリットを一日で体感！	○		◎	○	
104	成功事例：赤字の板金加工家具製造会社を1年で半年で1個流しで黒字転換	成行き任せ職場にオン・ザ・ジョブでJITをしかけ、「自分達でやろうぜ職場」に転換	○		◎		
105	わくわくJIT：進化指標　正味加工時間比率（NCTR）	JITの中核指標NCTRを設例で即時理解。	○		◎	○	
106	タクトタイム　仕事はリズムにのって	プッシュであれプルであれ、レベルに応じたタクトタイムの考え方と活用	○	○	◎	○	
107	成功事例：外資系部品メーカー　段取り改善の威力／社内抵抗を越えて	現場発の段取り改善成功！「今のまま症候群」の各種抵抗	○		◎	○	
108	成功事例：本社経理　帳簿と現物の完全一致に驚き、JITファンに	MRP, 初級JITの成功条件：「箱単位のパレット化」で数量一致	○		◎	○	○
109	成功事例：材料投入業務を即日「プル」へ切り替えた米国中小企業	「Stop working!」「仕事をしないこと」の大切さ	○	○	◎	○	○
110	成功事例（中上級）：典型的ロット生産から3年で1個流し工場に（丸和電子化学）	「スーッと流れる一気通貫工場」「経営理念：経営は社員・家族・地域のため」	○	○	◎	○	○
111	わくわくJIT：リードタイム短縮改善諸活動と個別効果の表れ方	個別の改善アクションが「会計的に何に効いて、何に効かないか」の見える化。	○	○	◎	○	○

（次頁につづく）

- 21 -

コラム一覧表 (前頁からつづき)

No	テーマ	キーワード (テーマの内容・趣旨)	実力レベル 入門・初級	実力レベル 中・上級	部門 現場力	部門 本社力	ＩＴ力
112	コラム：LT短縮で生まれた余剰資源 (余ったヒトを創ってくれたら幹部は事業創造で雇用を守る)	社員がヒトを創ってくれたら幹部は事業創造で雇用を守る	○			◎	
113	コラム：海外子会社のJIT経営を支えるわくわくKPIとは何か	「利益率」では海外振替価格や為替変動で励みにならない。わくわくKPIを工夫する	○		○	◎	○
114	コラム (中上級)：標準手持ち・AB制御 と本社力	工程集約」「多頻度配送」「ぎちがちダメ！」の会計効果		○	○	◎	
115	コラム (初中級) JIT本社力：利益包囲網作戦 短期利益志向を直せ	"利益"は否定するな、包み込めー「利益」から「流れ」へ		○	○	◎	
116	わくわくJIT初級：組み替えるべきTPS対する誤解や偏見	大量生産型から限量生産型へ、文化遺伝子 (思い込み) の組み換え	○		○	◎	
117	JIT本社力 (中級)：「待ち時間の原価化」ーリードタイム基準配賦 (LTB)	「流れ創り」を支援する製造間接費配賦基準はLTB		○		◎	○
118	JIT本社力 (中上級)：「待ち時間」の原価化と原価計算基準	「原価計算基準」にも適合しているLTBを安心して使おう		○		◎	○
119	海外からの駆け込み相談：「在庫減だが大幅利益減」どうする？	「流れ創り」をサポートする貸借対照表を中心とする会計観とBSQ指標	○			◎	○
120	コラム；JIT本社力 (中上級)：経営指標 ROEとBSQの連携プレー	製品アーキテクチャーの違いと会計知の関係				◎	
121	コラム (上級)：製品アーキテクチャーと「自働化・ジャストインタイム」	製品アーキテクチャーに対応したTPS「二本社」へのアプローチ		○	○	◎	○
122	コラム：製造業を越えるJIT成功事例：古書再生事業	「流れ創り」の原理は業種を越えて共通 - ㈱ネットオフ	○			◎	○
123	コラム：現場力・本社力・ITの連携によるわくわくって何？	JIT経営成立のカギは本社力。さらなる進化はIoT力				◎	◎
124	わくわくJIT (中・上級)：リードタイム測定法	モノと情報の流れ図、正味加工時間比率 (NCTR)、標準値の活用		○	○	◎	
125	JIT本社力 中心の会計	会社の実力というものはB/Sに如実に反映されている		○		◎	○
126	「ROEとBSQ」,「CCCとSCCC」の連携プレー 中堅・中小企業	IoTで実現、「当日検収・翌日支払」の「超スマート社会」		○		◎	○
127	わくわくJIT ITカ インダストリー4.0と中堅・中小企業	ブームに踊らず、真水を汲み取るには、「流れ創り」の価値観でIoTを		○		○	◎

No. 101	わくわくＪＩＴ入門　　初期不安の解消	備考
	◎ はたしてうちにやれるだろうか？などと考えてなんとなく先延ばしになっている、中堅・中小企業・町工場（我が国製造業の99%）のジャスト・イン・タイム（ＪＩＴ）導入をめぐる初期不安を一掃しよう。 ○ ＪＩＴは、「立てば這え、這えば歩め」の一歩一歩でよい。 　「「プッシュ」のままでも「流れ創りは相当やれる。「プル」はボツボツでよい。」 ◎ＴＰＳ容易説と困難説 "導入容易説" 「トヨタ生産方式（ＴＰＳ）など簡単である。指折って10まで数えられる人間なら導入できる」(大野耐一) "導入困難説" 「ビッグ・スリーを始め、数え切れない工場視察団がトヨタの工場を訪れ、トヨタがそのやり方をオープンにしても、うまくトヨタの真似ができた企業はほとんどない。厳密に言えばゼロ」 　　　　　　　Spear & Bowen[1999] ◎初期不安の症状別対策 ○　そもそも仕事が好きでない。よくなろうという気が乏しい企業でも、こんな風に変化していく。 　「ＴＰＳなどいわれても、ウチは日々の売上をこなすだけで精一杯」 　⇒　「生き残りたくないか」の確認　⇒「仕事をしない」ことの奨め。⇒「早作り」「まとめ作り」を多少控えよう　⇒　アレ流れがよくなった　⇒　アレ借金が少し返せた。⇒（わくわく）そうか、これが改善ということか　⇒　ならばもうちょいとムダを探そう。 ○「ウチは(トヨタとは)違う」。海外にも、"Not invented here!"　と、新しいやり方を敬遠する癖は共通している。 　⇒　だが、流れが良いと得をするのは当り前。製造業、サービス業、非営利企業、病院、お役所、どこでも使える「流れ創り」の原理（トヨタ、ＴＰＳ、ＪＩＴなどの固有名詞にとらわれる必要はない） ◎　ごもっともな「ＪＩＴができない理由」もある。それはそれでよい。 ○　元請からの無理な注文、船便、商社の「引き」等でＪＩＴができない。親もやっていない、小ロット化、平準化を何故、下請けの自分ができる　？	ハーバード大学教授 「ここで生まれた方法ではない」

- 23 -

⇒ プル、タクトタイム、平準化、セル生産が使えない、あるいは使いにくい領域は確かにある。出来るところからでよい。
⇒ プッシュ方式でも、量産品でも「流れ創り」は共通原理。

◎たしかに初期不安の解消にもなるトヨタ要人のお話。
○章男さん
「経理のトップが『利益』の話をするのは、まあいいとしよう。しかし（ものづくりの）社長がそれを言ったらおしまいだ。」
○張さん
「私どもは、10人で仕事しているなら、これが7人8人でやれないか。それが実現したら、こんどは、さらに5人6人でやれないかということを考える。余った人の首を切るわけではではないので、それですぐに利益になるわけではないが、先の売上増加で利益にもつながる。私どもは自然にそのように考える癖が身について、今日までずっとやってきた。」
「皆さんは、モノが機械で加工されている時間が大事だと考えているかもしれないが、機械の傍で、モノが寝ている、待っている時間も同じように大切なのですよ」
○池淵さん
「私が非常に気にしてきたことがあります。それは、トヨタ生産方式は、最初はうまくいくが、3〜4年経つとなかなか定着しないという話を何度も聞いたことです」
○内山田さん
「世の中では概してＴＰＳ導入による財務効果を求めているが、トヨタではＴＰＳを通じて人が育つ、経営管理者の考え方が中長期志向になる効果への期待が大きい。」

◎ 結局、**初期不安の根本対策**は －
企業規模を問わずトップ経営者が「流れ改善」と「社員の成長」に特段の関心を示し、本社・現場、上流・下流に「よし、やってみようではないか」と、わくわく感を注入することに尽きる。

社長自身のわくわく感(とそれを皆に伝える参謀

No. 102	わくわくJIT：土壌を耕そう：JIT以前の「日常管理」とＳＤＣＡ	備考
	JIT以前に、組織文化として必ず身につけておきたい習慣がある。 ◎ ＳＤＣＡサイクルは、「異常」と呼ばれる「いつもと違うこと」の発生に早く気づいて、再発防止や新しい考え方・方法を、その標準を使用する関係者で標準化し、標準として定着させ、逆戻りさせないことを、日常管理として地道に継続することである。 ○日常管理とは、関係者がとり決めた決め事(標準)からスタートして、異常の発見、適切な処置、決め事(標準)の見直しとそれらを定着させるための教育・訓練などの活動が S(Standardize)である。 ○日常業務こそ価値の源泉である。職場の内外に潜むさまざまな原因による「ばらつき」「変化」は提供する価値に大きな影響を及ぼす。「ばらつき」「変化」にいち早く気づいて、的確に対応(改善)できるかどうかに、組織の力が問われているのである。 ○ ＰＤＣＡ(方針管理やＱＣサークル)サイクルが、長続きしないことがあるのは、日常管理への落とし込みが不十分なためである。地味で目立たないＳＤＣＡこそ、その上にＰＤＣＡ（方針管理）のマネジメントやＪＩＴ経営の花を咲かせる、基本中の基本である。 ○ ＳＤＣＡは「今の価値」を生み、ＰＤＣＡは「これからの価値」を生む。 (中部『品質協会編："質創造"マネジメント』2013 より編集)	Standardize（標準化）–Do（遵守）–Check（異常への気づき）- Act(是正措置)

No. 103	入門成功事例：マレーシア中小企業　ごみ屋敷から半年で１個流しへ	備考
	Step 1. 社長（SME）の苦悩と決断・はじめに真剣な悩みあり ○「５年間がむしゃらに会社をやってきた。でもこのままでは次の段階には上がれない。規模も大きくなり、管理者にも教育が必要。リーン生産をかじったけれど分からない。方向づくりに協力して欲しい」	CLPG社 (2015.1月)
	Step 2　入門前の工場の状態　――　まさに「ゴミ屋敷」 ○ プラスチックのペレットを溶解し、シート状に延ばし、顧客の要求に合わせて裁断後、箱に組み立て、納品。現場第一印象は「ごみ屋敷状態」。工場は広いが、生産スペース以外はスクラップの山で埋め尽くされている。 ○ 一緒に歩きながら「７つのムダ」を説いても、「聞いてはいるけどムダを無くすことが利益にどう結び付くのか解らない」と。「今必要ではない物が多過ぎ、ここは宝の山だね！」「え、この廃材が宝の山？」 ○「廃材と中間在庫がなくなった姿をイメージしてほしい。そうなれば２つの工場は必要ないでしょ。」「社長いわく、漠然と工場統合を考えていたけど他人に言われたのは初めて。本当に実現すれば素晴らしいこと、とにかくついていくのでご指導を」	(2015.3月)
	Step 3　意識改革始まる　監督者・経営・管理者に２日間のセミナー 先ずは頭の中を真っ白なキャンバスにして見方、考え方のベクトル合わせ。共通言語で会話できるようにする必要性を強調する。 1. ムダの見方、ムダはなぜ悪いのか？Time is Moneyから入る。 2. 全員で工場を歩いて．問題箇所を写真に撮り、話し合いながら 　　VSM (Value Stream Map:価値の流れ)を感覚的に理解。 3. 5Sの定義が難解だとクレーム。では2Sだけに絞ろうと、 　宿題与えて帰国。（5Sの定義、進め方がうまく伝わらないケースは多い。「整理、整頓だけ徹底的に始めて欲しい、あとの3Sは次第についてくるから」と言うと動き出す。なお、ここでも「時間の節約、Time is Money」を強調しながら、2Sを説く。	(2015.4月) JITと会計係の関係。1個流しメリット体感。
	Step4　社長、日本でのセミナーに直接参加 社長が5日間 Monozukuri Japan Tour(当社主催於名古屋)に参加、K先生からの「流れ重視のモノづくりと会計の関係」の坐学と、紙飛行機ゲームによる小ロット生産の効果（大ロット生産より出来高生産性共に上がる）を体感、リネットジャパン社での工程負荷平準化	(2015.5月)

威力を学ぶ。他にTPSの概論、標準作業と改善、TWIで仕事の
教え方、VSMを学ぶ。

Step5　トップダウンとボトムアップの同時進行　　　　　　　　　　　　(2015.6月)
〇社長は帰国後、名古屋研修の感動と学んだことを管理者に報告。自分で
　紙飛行機ゲーム会を社内で主導し、小ロット化に向かう姿勢を熱っぽく
　語る。
〇2Sが進み仕掛りも減らし、通路も広くなり2工場統合に社員たちが本　　「リーン委員
　気になったと嬉しそうに報告する社長。　　　　　　　　　　　　　　　会」毎週土
〇日本研修参加メンバー15名が自発的にSNSのネットワークを組み、各　　11:00 開催
　班のリーン活動の進行状況を写真を取り合って交換するなど、やる気十
　分。
〇 現場は、組立工程を主に2Sが進み、工程全体が観察し易くな
　り、人の動き、部品の置き場所に確かにムダが多くあることが見えるよ
　うになった。「リーン委員会」で現場を観察、写真を撮りまくって、変
　化や課題を語り合い、チームワークを熱っぽく強調する。各部門の社員
　が揃って委員会の進む方向と気持ちが一つになり積極的な発言、行動が
　できるようになったのには、こちらが驚く。それに女性パワーが、男性
　に引けをとらない。

Step 6　ついに一個流しライン"Jessライン"の誕生　　　　　　　　　(2015.6月)
〇組立工程に標準作業を実施して作業者のムリ姿勢、歩行距離の長さ、設
　備の不安定な状況を掴み、管理者全員で1個流しに向けてのレイアウト
　改善、テーブルなどを検討。
〇様々なアイデア、意見が出される中、今まで静かに成り行きを見て
　いた生産計画担当の女性Jessが、多品種少量生産のため、ラインを
　途中から2ラインに分けた方が、流れが良いと提案する。これにみんな
　も感心。この案を"Jessライン"と命名。
〇トライアルでは、作業場面積40%減、アウトプット30%アップの効　　　(2015.7月)
　果が分かり、社員達のわくわく感は最高潮、2工場統合プランに拍
　車がかかる。

　　　　　　　　　　　　　　　　　　　　　　　　　　　　　　　　　　(2015.8月)

◎成果の確認
○成果1
　2S実施、JIT思考への切り替えで、全ストック量が35%減少、経理部門からも資金繰りが良くなったとの評価。ストック量の上限設定、定置定量化、サプライヤーから少量多回購入、などのアイデアをみんなで考えては実施中。

○ 成果2　社長、管理者が変わった！
　高圧的、上から目線だった社長、現場管理者が、現場作業者のやる気を引き出し、巻き込もうという態度に変わり、それに作業者が応えるようになった。コミュニケーションが取りにくかった外国人作業者に笑顔も増えた。

○ 成果3　自信をつけ始めた現場が、次のステップに向かう。
・現場リーダー達も、品質向上、生産性向上測定のゲージ、治具の
　提案が出始めた。TWIの効果でもあるが、社長が会議での発言を控え、
　社員の議論を静かに見守るという社長の変化が大きい。「5回の何故」
　で問題解決に取り組む。

・2Sが上流工程の工場に広がり、3Sの段階で設備保全と自主保全の組
　み合わせで設備管理の重要性を、設備要因の不良の撲滅とスクラッ
　プの減少へ向かう。

No.104	わくわくJIT： 赤字の板金加工家具製造会社を1年で黒字転換	備考
	Step 1. 債権者の危機感と要請で、社長も重い腰を上げコンサルの指導を受けることを決断。 ・競争メーカーとの価格競争もあり、顧客からの値引き要求が強く、近年赤字に苦しむ。クレーム件数多く納期遅れも多発。 **Step 2.** 工場の状態：製造現場によるなりゆき任せの職場運営 ・製造部長は、製造現場のことをあまり知らず、製造現場出身の製造課長に生産を任せている。 ・工場の至る所に在庫の山。半加工品在庫には、錆びて使い物にならないものも有る。 ・倉庫を持ち、在庫販売が基本。特注品は、生産管理担当者が都度現場に生産を押し込んで納期対応。毎年2月の大量出荷に備え、負荷の低い月に作りだめ。そのため在庫をもつことに対する抵抗感は無い。 ・生産計画は、専任の工程計画担当者の個人的ノーハウにより立案され、2週間毎に日単位の生産計画が現場の各工程リーダーに提示される。1品番につき1ヶ月に1〜2回の仕掛けだが、仕掛け日は遵守されず、先食いが日常茶飯事に起こっている。 ・赤字会社にもかかわらず、製造現場の残業は多い。 ・設備故障が多い。また、手直し待ちの半完成品も多い。 **Step 3.** まず改善に対する動機付け ○ 動機(やる気)は全員に有る。やり方が分からないだけ。 ○ 職場のメンバーとミーティング。彼らの問題意識を基に改善についての基礎知識、JITの考え方等をレクチャー。 ○ 活動組織を編成し、日々の実績、改善成果を見える化を実施。生産性と品質の評価指標を作成して全員で共有できるようにした。 **Step 4.** JIT改善をOJTで推進 ○ 中間仕掛品の置き場を指定し、作り過ぎが分かるようにして作りすぎを抑制。 ○ 終わり際に翌朝1番から仕掛けるワークを残して終わるようにルール決め。 ○ 全ての製品が1週間に1回仕掛かるように生産計画を変えた。つまり小ロット化。	2008.10〜 2009.9

- ○ その結果、特注品の仕掛けチャンスも増え、1日の作業の分量も分かり易くなった。必要な部品を組み付けラインの前に全てそろえることができるようになった。塗装工程での錆び発生撲滅、余剰スペースの捻出等派生的メリットも出てきた。
- ○ 日々発生する品質問題を発生の都度問題解決し、再発防止策を実施した。（「現行犯完全逮捕」方式）
- ○ 購入品の日々の購入額をグラフ化し、異常が見えるようにした。
- ○ 使っていない古い設備の廃却と設備・治具のメンテ実施。

Step 5. 現場の自律化推進　（「自分達でやろう」方式）
- ○ ある程度改善が進んだところから職場にテーマを与え、宿題として自分達で自主的に解決する方向に切り替えた。
- ○ 結果、品質問題の解決を筆頭にどんどん改善案が出てくるようになり、改善速度は画期的に向上。
- ◎ 事例：　自動機の「可動率」が上がり、多くの製品を打てるようになった。現場課長より、それまで手作業ラインで生産していた品目をその自動機で作る提案がなされ、大幅な生産性向上。
- ○ 分かり易くなった製造ライン管理方法を部長に解説。今後は部長から職場の状況、改善状況の報告をコンサルが受けるようにした。役員、他部門の部長から「あの人がここまでできるようになるのか」と驚きの声。
- ○ 従来から有った改善提案制度を活用、現場からの提案を積極的に募集・評価するようにした。評価責任者は部長、アシスタントとして製造課長（現場上がり）が担当。提案件数が大幅増加。

成果要約
- ◎ 経営者クラスや製造部長が、現場の状況を把握し易くなった。
- ◎ 製造部を運営するために何をしなくてはいけないかが明確になった。
- ◎ 製造現場に活気が生まれ、自分達で改善できるようになった。
- ◎ 納期遅れはゼロ、クレーム件数も激減した。（0～1件／月程度）
- ◎ 赤字が解消した。

No. 105　　わくわくJIT：進化指標　正味加工時間比率　（NCTR）

> **例題：** 次の三つの作り方の優劣・損得を比べなさい。
> ① 1日分の工数(マン・アワー)でその日のうちに作って、翌日納入、入金した。
> ② 同じ、1日分の工数を使ったが、1ヶ月費やして（つまり途中工程のあちこちで加工待ちや滞留を伴って道草をくいながら）完成し、出荷、入金した。
> ③ 1日分の工数で1日のうちに作って完成させた後、倉庫に364日間保管後に出荷して入金した。

＜解説＞

○ 学生や会計の素人は、原価は③，②，①の順に高い、一番得なのは①と、感覚的に正解できる。

○ 制度会計を学んだ人は、「加工費＝労働時間×製造間接費配賦率」だから，1日分の正味工数に変わりは無いので，製品原価は三つとも同じだと答える。伝統的全部原価計算の算式では，待ち時間が原価不算入だから差が出ないのである。

◎ 改めて原点を確認しよう。
　JITの目的は「流れを創る」その手段は「ムダとり」。ムダとは、「流れをよどませる要因のすべて」。

◎ このとき、「流れ」の程度は、リードタイム(＝待ち時間＋正味加工時間)に占める正味加工時間の比率が高いほど、よどみなくスーッと流れていることになる。
　つまり、　ＴＰＳの本質指標＝正味加工時間比率（ＮＣＴＲ：Net Conversion Time Ratio） ＝ 正味加工時間／リードタイム
　（値が大きいほど流れが速い）

例題の正解をNCTRで計算すると
　③，②，① の各NCTR＝1, 1/30, 1/365) の順で、優劣は一目瞭然。
　この正味加工時間比率は、JIT改善を通じて、絶えずよくなりつづけるべき指標である。これを「進化指標」と呼ぶ。これに対し、環境条件によって上下動があり得る指標を契約指標と呼ぶ。
進化指標こそがわくわくJITの源泉である。（このわくわく感に呼応する本社の財務指標は在庫回転日数であって、利益率ではない）

待ち時間の原価化については「コラム223」を参照

JIT初期では待ち時間が正味加工時間の数百倍

進化指標
契約指標

No.106	タクトタイム： 仕事はリズムにのって	備考
	○心拍のような一定のペースで製品が出荷され販売計画を必達に導く概念。流れ創りを目指す限り、生産形態やレベルにかかわらず役立つ概念なので、使用法を初級、中級、上級別に分けて説明する。（タクトタイムの純粋な定義と運用は上級を参照。） ◎**タクトタイム　初級**　（プッシュの繰返し品と個別受注生産） ○負荷平準化がむつかしい、セル生産も困難といったプッシュ型個別受注生産で、顧客からの引き取りが安定せず、日々ばらつく部品メーカーもある。この場合、当日の出勤状況や機械の調子などから、「今日は、1台何分で出荷できるか？」という、その日の実際生産タクトタイムを確認し、販売タクトタイムと照合し、異常を事前対策する。 ○プッシュ型の個別受注生産でも、標準ロットサイズを越えるオーダーは、ロットを刻んで生産計画する。その際認識されるクリティカルパスとボトルネック(正味加工時間がタクトタイムを超える工程)を事前に確認し、対策する。 ◎**タクトタイム中級**　（プル・カンバンとプッシュ・MRP生産とも） ○　納入先による数量などの変動要因に対応のため、月次販売計画によるタクトとともに、毎日、その日の必要量を把握して見直し、日別のタクトタイムとして認識する。 ○　タクトタイムの計算は、組立ライン(混流生産)、部品ライン(平準化)単位で行うことにより、極力、整流化・平準化・同期化をはかる。 ○　生産全体の流れを的確にコントロールするには、各工程の終わりに「生産管理板」を設置し、「当日タクトタイム」から割り出し「時間当たり必要生産数量」を時刻単位に表示し、予定数に対する実績数を対比して書き込み、異常発見と処置・改善のフィードバクを即時に行い、当日生産計画(=当日販売計画)の必達に近づける。 ◎**タクトタイム上級**：　（純粋プル・カンバンのトヨタとTier one） ○　一定期間の販売量をプールし、その期間内の製品毎売れる速度を関連グループ企業全体に発生させて生産の効率化を図る。 ○　ＪＩＴ生産を本格成立させる三要素（「流れ化」、「後工程引き取り」、「タクトタイム」）の一つである。	個当たり、何分で出荷すれば販売計画は達成されるかは、製品タイプ、プッシュ、プルを問わず有用な概念。 関連基本概念 「サイクルタイム」は製品1個が工程から出てくる時間間隔。 個当りリードタイム(加工時間+工程内待ち時間＋個当り段取り替え時間)とも。

○ タクトタイムは、最終顧客への販売計画より算出する製品毎の売れる速度である。（最終顧客への製品が売れていく速度から、各ラインで生産する当該製品の構成部品の売れていく速度を計算し、その速度をもってライン別・品番別（製品別）のタクトタイムとする（ここまでは中級）。
○ タクトタイムに基づく生産（同期生産）では、関係する社内各ラインと(Tier one)協力工場を含む、過不足ゼロの生産が可能。
○ 高度に平準化された混流ラインでは「タクトタイムをフルに使った１人工での生産」が成立。同じものを数個まとめて作る。
　各工程には、不良、手直し等タクトタイムで計算できない必要数も発生するが、かんばんによる後工程引き取りを実施すれば、必要数の補正も自動的に行われることになる。
○ 結果として、タクトタイムに基づく生産は、最小限の在庫で、販売速度に追従する生産と、人の作業効率の向上追求を可能にする。

平準化　＝　種類と量の双方での平均化

非製造部門の関わり（生産計画と調達部門）

◎ 生産計画部門は品目別タクトタイムとロットサイズの認識により、「工程別個当り計画LT」を簡易計算（個当りLT＝タクトタイム×ロットサイズ）し、ライン毎・工程毎の生産準備と進捗管理に役立てることができる。

◎ また、生産計画部門は、工場の現在の実力（ＮＣＴＲ値）を確認、見える化し、ＪＩＴ生産をサポートする。
　　（正味加工時間比率：Net Conversion Time Ratio:
　　NCTR＝正味加工時間/ リードタイム））
　　簡便法として、タクトタイム×工程数＝リードタイム
　　個当り平均加工時間×ロットサイズ＝当該工程リードタイム

NCTRは、良くなり続けるべき「進化指標」（野村メソッド）

◎ 元請け調達部門は、タクトタイム思考を協力企業に横展開する。
○下請け側は、段取時間の特段の制約がある場合は別として、原価的な理由で、元請け以上のまとめや倉庫設置での対応は極力控える。（キャッシュ損である。）
○それどころか、元請けのタクトタイムを守るだけでなく、元請の指定ロット以下に刻んで作る小ロット化への挑戦も奨められる。

協力企業とのwin-win

No. 107	成功事例：外資系部品メーカー 段取り改善／社内抵抗を越えて	備考
	○1995年岐阜県の外資系自動車部品メーカーでの話。10台の組立機の周りはおびただしい仕掛品（組立待ち）が溢れていた。工場内倉庫には完成品在庫があり、外にはお客様のシフト毎の要求に合わせるための倉庫があったにも関わらず、工場からはその倉庫に向けて特別便を頻繁に手配していた。その理由は、「段取り時間が４５分から６０分かかる」、「組立機はモデルによる専用機になっているため乱流になっている」で、モデルごとに型枠と内型を交換する必要があった。 ○そんな中、先生の指導をヒントに改善チームが「ワンタッチ治具化」と「型枠高さの標準化」のアイデアを提案してきた。 ＜現状＞ ワークＡを専用機Ｂで加工することもできるが、シャフトの高さ調整が必要。段取時間 45～60分。 ＜改善＞ Ａ用とＢ用の各専用機とシャフトの高さを共通化。段取時間8分	組立機、ワーク、パンチA,Bはいずれも専用 パンチだけをワンタッチで交換すればよい。

○ この改善でどのモデルをどの組立機でも作業が可能になり、組立機前にあった仕掛が必要なくなった。それどころか工場内の完成品在庫も不要となり、出荷指示をそのまま平準化ポストに入れることで組立生産指示をすることが可能となった。

○ その後、お客様のシフト毎の要求を組立指示に置き換えることで「荷揃え倉庫の在庫」も大幅減。その結果、組立機で常に発生していた残業もなくなり、機械にヒマが生じ、常に3－4台は停止状態。そのヒマを活かして、新製品を安価なワンタッチ治具で作るため、より安い価格提示が可能となる。

○ 段取り改善は仕組み改善にも効果を発揮。生産管理部門の在庫調整係り、現場の生産計画、営業部門が管理していた荷揃え倉庫の工数などの間接部門の工数低減効果も出た。

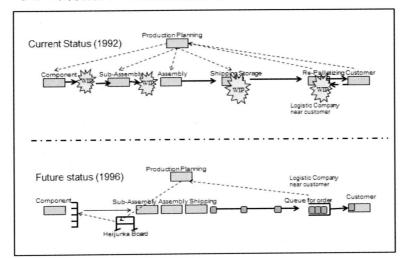

○ この段取り改善プロジェクトもすんなり実現したわけではない。治具製作に少々お金が必要なため、

　本社や幹部から—
　　費用対効果の計算書を用意せよ。
　　どの予算と振り替えるのか。
　治具製作の発注に当たり、調達部から—
　　取引実績のないところには発注できない、安いところに発注するので図面を作ってくれ、最低3社は見積もりが欲しい。
　営業から—
　　新製品の見積もりに型代を載せられないので売上が減る。

○ どれもこれも自部署の都合を並べ立てて、実施時期こそ延びたが、「これは凄い」とワクワクした現場監督者の熱意が、結局は勝った。

中間在庫と完成品在庫ほぼゼロ。

生産リードタイム4日 ⇒ 8H

初級編
よい改善ほど抵抗が強い？が、粘り勝つ。

中上級編
「JIT改善の費用対効果が説明」できる。

No.108	成功事例 ：本社経理　帳簿と現物の完全一致に驚き、JITファンに	備考
	◎JITを導入すると、当年度の利益が減るが資金繰りがよくなる。というグッド・ニュースの他に、もう一つ、本社が驚いたことは、「JIT導入による棚卸数量差異の激減」である。 ◎米系自動車部品メーカーでの話。 　通常年度末には定期棚卸が実施される。工場内、倉庫内、協力メーカーにあるあらゆる在庫の実際数量を精査する。その後、コンピュータ上の在り場所と予定数量を付き合わせる。この実際数量とデータ上の数量のギャップは損益計算に大きく影響するので、米国ではこの棚卸差異が本社による工場監査の筆頭重要項目の一つ。差異の程度で工場長の責任問題に発展することも少なくない。 〇特に大きな容器を使って大きなロットサイズで適当に移動、運搬しているショップでは、現品移動票に書かれた数量と実際の数量に差があることを認めながら生産活動をしているケースが多い。 ◎ところがJITを導入すると、後工程から順にこのギャップが少なくなっていく。ストアが整備され、「小箱での定量収容と運搬」が進むからだ。棚卸調査にかける工数も大幅減少。現場からは何で棚卸って年に1回？　各ストアは毎日、小箱定量で管理、把握しているので毎日でも正確な棚卸が可能なのに。 ◎この状況に一番喜んだのは経理担当重役。「これで棚卸差異分析レポートをトップに連絡する必要がなく、経営数字の信頼度がグンと上がった」。かくして同社の経理担当重役は、差異数値の変化と現場の変化に興味を持ち、現場に足繁く通い、彼のJIT応援発言が経営会議で多くなった。 〇最後にもう一つほんとの話。昔、フォードで、マクナマラ（後の米国国務長官）率いる本社経理チームが工場監査に訪れた。そこで工場では、大量の部品在庫を工場中からかき集め、近所のデラウエア川に前日のうちにバッサリ投棄。マクナマラチームは「在庫のない、きれいな工場だ。よろしい」と帰っていった。あとで現場班長達、舌出して曰く、「今、デラウエ川は歩いて渡れるぜ」。 (*Reckoning,* – David Halberstam,1986) より	MRP（資材所要量計画）では、伝票の数値と実際の数値の一致率は99％必要。 小型・定量収容・運搬の威力（カンバンが定着すると定期棚卸も不要。）

No.109	**成功事例：材料投入業務を即日「プル」へ切り替えた米国中小企業**	備考
	2002年、JIT導入を試みる米国ボストン近郊の各種サーモスタット製造販売を営むS社で，生産システム改革の指揮をとっていた製造技術部長殿の告白。	
	○「製造技術部の管轄外ということで，材料の工場投入を担当する資材部門の協力を得られていない。材料投入は実際負荷にお構いなく、MRP（資材所要量計画）指示に従って、初工程4日前に投入。これが押し込み生産つまり、プッシュ。これだと工場内の仕掛量はどの工程にも約4日分の手持ち。まさに在庫の山。	
	○初工程「ターニング」工程担当班長に聞く。「実際のところ手元に何日分の材料があればよいの？班長曰く「二日分もあれば十分」	「標準手持ち」を減らすプロセスに相当。
	○そこで、材料搬送係に指導。「もうコンピュータの日程は見なくてよろしい。朝一回，現場を訪問し、班長に聞いて材料が二日分を切れているなら不足分だけ投入し、そこで投入はストップする。できますか？	
	○搬送係りのおじさん曰く「やってみます。」翌日から，工場の仕掛在庫は潮が引くように退き始める。この材料搬入係がやったのが、後工程引き取り方式、つまり「お隣の都合で仕事する」プル方式。	
	○わくわくしてきたターニング班長曰く「実は2日前でなく、1日前でもいいよ」。材料搬入のおじさん「よし、任せておけ」。1週間もすると工場の全景が楽に見通せるように一変。全員眼をパチクリ。	
	○一方、これまで製造技術部長がいくらネック工程の設備投資申請をしても首を縦に振らなかった本社経理曰く。「いくらカネがあっても足らなかったのに、何故か急に資金繰りが少し楽になった。」こういって、製造技術部長の投資申請を認めたのであった。	
	結論： 工場全体の「プル化」を目指す中上級編では、ワーカー全員が「自分都合でなく、お隣都合で仕事する文化遺伝子の組み換え」必須なのでそう簡単ではない。しかし、大野さんの「TPSなんて簡単。指折って、10数えられる者なら誰でもできる」と豪語された一面が確かにある。そのようなすぐできる事例がアメリカでも起きたのだ。	JITをしたらワクワクするのではない。ワクワクしてからJITに入るのだ。
	教訓： 部分的・実験的なプル導入は入門・初級編でも可能。成功の味を占めてから、次第にプルを広げていく。また、普及している生産管理情報システム（MRP：資材所要量計画）のデータベースに登録されている「資材投入日」「標準リードタイム」「基準停滞日数」「発注点」などがプッシュ感覚で設定されているときはその全面見直しが先決。そうしないと、「コンピュータが現場の流れ創りのブレーキになる！」	

No.110	成功事例（中上級）：典型的ロット生産から4年で1個流し工場に。 「理念：経営は社員・家族・地域のため」（丸和電子化学）	備考

◎トヨタ自動車にオーバーヘッドモジュールなど電子部品を供給する
小島プレス㈱（トヨタTier 1,非上場）グループのマザー工場

◎「生産の5原則」　─　先先代以来のトップの純粋なJIT志向

　①スーッと流す　　　　　　ムダの排除、よどみの無い流れ
　②定量・最適生産　　　　　箱単位、便単位
　③自己完結型　　　　　　　1個つくり
　④造る人・物・事を作る　　自前主義、極限の追求
　⑤品質は工程で作る　　　　判断力を持ったライン

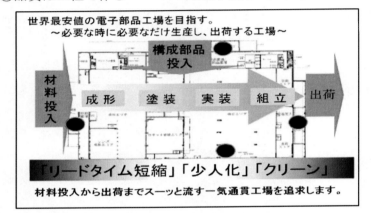

◎ 典型的なロット生産から4年で一個流しに変身した経緯

○　成型、塗装、樹脂などが分散し、物流ロス大
　→ 2010年リーマン不況期でトヨタ1,000万台未達。
　→ 丸和の存亡をかけ工場集約、内製化、一貫生産で小島グループ
　　マザー工場とする方針を明示。小島の"Tier 1.5"。グループ
　　共通の方向性を持ち易くする。「外注」ではない。
　→ 2010年新工場プロジェクト：設計・生技・製造の横連携タグ。
　　　成形G、塗装G　組立G　の3チームで　①設備小型化導入
　　　　②ダイレクト成形　③小型無人化　ほか七プロジェクト展開。

◎技術基本姿勢

○「機械の稼働率あげよ」はダメ、「能力が高い機械」もダメ。流れ
　に適した道具は自製。
○（例）半導体業界の常識に反し、ウエアー1枚ずつ工程集約とビス
　　　締めで、完成パーツとして製品に載せる1個流し。
○（例）7日要した金型修理が2Hに。
○（例）カンバンにより、9種類の品目からピッキングし、1個流し。

◎JIT 経営方針 ： トップがビジョンと方向を明示
○（JIT で）世界最安値の電子部品工場
○材料投入から出荷までをスーッと流れるためのキーワード
　　　　　　　Slim, Simple, Compact

◎ 基本経営指標(KPI)
○「仕入から売上収入までのキャッシュ転換速度」
○ リードタイム(LT)の短縮状況(トヨタ Tier 1 のトップ級)
　　生産 LT(OHC)：旧工場（2012）**14 日**→新工場（2015）4.5 日
　　但し、（OHC）の最大 LT 12.3 日のものあり、道半ば。
「利益」は KPI ではない。たとえボトムラインが赤字でも、雇用は守り、人頭割りの地方税は払い続け、地域に貢献する。

◎「生産システム基準」で、成型、塗装、SMT、組付け出荷・デポ各工程の攻めのポイント(後補充生産、ワンタッチ、マスクレス、客先便単位通信生産、出荷プラットフォーム積み込みなど）を具体的に明示。

◎ 2015 の LT 目標：現状把握(BM)と攻めどころ
○ 2015 生産 LT 12.3 日　→　16 年目標 8.5 日(30％減)
○ 攻めどころは、成型→塗装の仕掛け増、マスク交換作業など）

当日検収
当日支払

"「待ち時間」は原価である。"

◎ 生産技術からの他部門への仕掛けと横連携
○ トヨタの指針への対応：製品設計をどのように変えて行くか、
　RRCI30（サプライヤー参画コスト低減）、ＴＮＧＡ（部品共通化）
　設計・作り方・物流などの各面から部品メーカーとして提案。
○ 最も大切にしているのは、小島グループ間で生産技術を共有することと。いいとこ取りと横展開。

◎ 第一線のQCサークル
○ 異常、トラブルにはかならずＳＤＣＡサイクルの改善で答える
○ 間接部門含むＱＣサークル、全社改善活動は年２回のサイクル。
　（例）総務課のテーマ　「今週は、成型の勉強をしよう！」

◎小島版インダストリー 4.0　業務・工程・設備単位をICTでつなぐ
　○ Quick Action by One Data
　○ 既に工程異常はオフィスで見える化。班長は日報を書かず。
　○ 今後は、まず自社グループ間、次に仕入先とつなぐ。

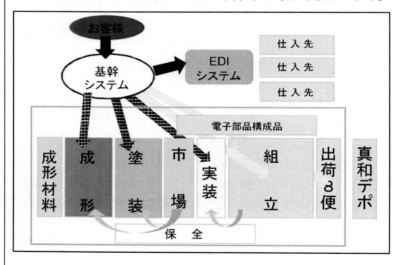

◎今後の方向
○ 小島社長の最近の口癖：「回転寿司方式から進化の方向を学ぼう」
○ 技術陣の考える今後の大きな課題はＰＭ（設備保全）。
　（設備停止、品質不良の低減、そのための設備メンテナンス）

　　　　　　　＜訪問：太田、野村、河田(2016.2.11)＞

No.111	わくわく JIT ： リードタイム短縮改善諸活動と個別効果の表れ方	備考

◎ JIT 生産の導入成功率が非常に低い現実は、「リードタイム(LT)を短縮するのは何のため？」という JIT の根の部分(価値観と指標) を、具体的に「見える化」すると、経営者と社員,本社と現場でワクワク感を共有することができ、一気に突破できる。

◎ 生産 LT の定義：入門・初級は①②で簡明に理解、中・上級は今少し緻密に ②③で考察する。

　① LT ＝ 待ち時間＋正味加工時間 （すり合わせ型製品は（待ち時間の長さが正味加工時間のザッと 500 倍）

　② 個当り LT ＝(待ち時間＋加工時間)／ロットサイズ
　　　（小ロット化するほど個当り LT は短い）

　③ LT(構成要素別) ＝仕掛待ち時間＋加工待ち時間＋標準手持ち在庫としての待ち時間＋段取り替え時間＋正味加工時間＋運搬待時間＋手直し時間＋運搬時間

＜LT 短縮改善と個別効果の関係表＞ （Ⅲ-6 付表１の解説）

○ 従来、ＪＩＴ改善と個別効果の関係が整理されたことはない。そこで、改善アクションを 正味加工時間関係の改善 14 項目、待ち時間関係の改善 3 項目に区分した。

○ 現場の主な改善アクションは「待ち時間低減」「段取替え時間低減」「標準手持ちとその減少」「ゼロディフェクト活動」「中間在庫としての待ち時間」「ロットサイズ低減」、「安全在庫低減」「正味加工時間短縮」「整流化」による物流時間低減」、「工程集約によるハンドリング時間短縮」「加工速度のスピードアップ・能力増強」 等がある。

○ 横軸の 改善効果は、原単位改善と財務指標改善があり、さらに、実態として、工数低減に効く、スペース節約に効く、品質に効くなど)6 項目、合計 8 項目にわたり、どのアクションが、どの個別効果項目に、どの程度の効果が現れるかを、○、△、×で表示した。

○ 原単位指標はリードタイムとＮＣＴＲ （＝ 正味加工時間/LT)で代表させ、 財務値は、「財務値(旧)」（直接時間基準配賦による全部原価計算：DTB 原価）と 「財務値(新)」 （リードタイム基準配賦による全部原価計算：LTB 原価）に二分した。

備考欄：「個当り」で捉えておくと、小ロット化効果が端的に分かる。

◎ 本表の狙い： どのLT短縮改善アクションが、どの個別効果にどの程度効いてくるかが「見える化」される。 ① LT短縮のすべてのアクションはLTとNCTR値に反映する。 　（LTとNCTRは進化指標として「よくなり続ける」必要がある） ② JIT改善アクションの多くは、DTB原価に反映されないので、「本社はうれしくも何ともない！？」。一方、待ち時間を原価化したLTB原価低減にはすべてのLT短縮アクションが効いてくる。	よくなり続けるべき進化指標
○ LTB原価を、本社と現場で共有すると、「本社も認めるわれわれの改善努力。これに味を占めた現場はさらにワクワクして、自分達で段取り改善を考え、さらにロットを刻み始める。	
○ さらに上達して社内の流れ創りは、ボツボツ限界というときも、協力企業との流れ、販売店や最終顧客とのSCM（サプライチェーンマネジメントもある、海外委託分業生産などが始まると「グローバルSCM」にまで流れ創りのシステム・スコープは拡大する。それにつれて、LTをより広く定義し、その短縮にチャレンジすることになる。	グローバルSCM

No.112	コラム：LT短縮で生まれた余剰資源(余った人財の活かし方)	備考
	JIT経営の基本は、リードタイム短縮により創出される経営資源の余剰（人、機械、スペースなどの余剰(ヒマ)）の活用にある。その際の基本精神は人を「減らす」のではなく「活かす」成長戦略。 ◎ トヨタ　張さんの話　―　基本的な考え方はこれ「私どもは、10人で仕事しているなら、これが7人8人でやれないか。それが実現したら、こんどは、さらに5人6人でやれないかということを考える。　余った人の首を切るわけではではないので、それですぐに利益になるわけではないが、先の売上増加で利益にもつながる。私どもは自然にそのように考える癖が身について、今日までずっとやってきた。」　　（2009.10.3） ○ 失敗パターン（張さんの話と正反対） 　目先の利益額にこだわり、余った人のリストラをする、または、改善で生じたヒマで、やはり目先の利益のため再び在庫を作ってしまい元の木阿弥となる。V字回復機会を失い、資金繰りはさらに悪化する。 ◎イノベーションの各種成功パターン ① 経営幹部が新製品・新規事業をとってくる。 　顧客、元請け、地域などを絶えず訪問し、新しい仕事の情報を探索、元請けに新しい図面支給を頼むなど。このような幹部のイノベーションに向けた行動で、社員の改善活動にも拍車がかかる。イノベーション指標「売上/人(分母一定)」（余力を生み出しても雇用を守り、売上を増やそう）の目標を生産現場から、設計、営業、調達といった全社改善指標として拡大適用する。 ② 社員自身のアイデア出し参加 　継続的改善が習慣化すると、社員自身が新規事業のアイデア出しも可能。大学生による「ビジネスプランコンテスト」に見られるように、若い人ほど斬新なアイデアを出す傾向あり。 　⇒　若い人に限らない。多様な専門性の集合体で、一同でアイデア出しをやると斬新なアイデアが生まれやすい　（トヨタの大部屋、ホンダのワイガヤ） ③ JIT原理を応用した設計・開発工程のリードタイムの短縮や、コンカレント設計などITにより生じた開発余力を新製品開発に振り向ける。（下流と同様、上流も、情報の流れ改善による余力創出） ④営業部門はリードタイム短縮で生じた競争力で受注増、工場はこれを増員なし、あるいは空いたスペースで消化。付加価値増へ向う。	売上/人(分母一定)を全社の改善指標に。 固定費の変動費化

⑤ 余剰資源（増員なし、空いたスペース、機械）で内製化。
　　（時給差による見かけの原価高より、キャッシュロー増が実益）

◎余剰活用の成功例、失敗例 ― 創出余剰との向き合い方
　① 失敗例：A社は、会社存亡の危機で社長の号令で「生産革新」が始まる。TPSコンサルの指導で「改善して空きスペースをつくろう」という事で、現場はラインの長さや仕掛減で、空きスペースを作った。しかし「黒字必須」を厳命する社長からは「まだ足りない」、コンサルタントからは「もっと空けろ」で現場は疲弊の一途。
　＜敗因＞　社長の「黒字必須」が敗因。空きスペースを作っただけでは、利益は1円も生まれない(張さんの話参照)但し、既に在庫減少分だけキャッシュがプラスになっているのだから、ここは社員に金一封で感謝すべきところ。
　　　（本ケースは会計側の理解があれば救えたかも知れない。売上維持下の在庫減少で資金繰りの改善や余力の活用でV字回復のチャンスが膨らんでいることを、社長自身が認識するか、会計の分かる本社経理が社長を説得すべき。）

　② 成功例：木工のC社は、生産革新で空きスペースを作ったところへ取引先からの見学があり、これだけのスペースがあるのであれば、もう1ライン分増産しませんか？と相手から持ちかけられての追加受注成功で、利益は減少どころか逆に増加。（まずは余剰を創る。そうすればこういうラッキーもある。）

　③ 成功例：　鹿児島の大島造船は、構造不況で破綻寸前からJIT生産で我が国造船業トップに完全復調。社長の信念は、経営資源で一番大切なのは「人」。造船会社なのに不況期に「さつま焼酎」の会社を作り雇用を守る。社員は、そんな社長を信頼し、「我々はさらに改善を重ねよう」という善循環が実現。

　④ 成功例：JITで生産性アップの富士ゼロックスは、余剰人材で自社製品のリサイクル事業に進出。製品をバラして再利用。始めはコスト高だったが、さらなる改善で解体・組立工場のスペースは1/2に。JITで余った人での新事業が儲かり出している。

（欄外）
本社のものづくりリテラシーを鍛えよう。

人を活かす。雇用を守る。⇒さらに改善を。

⑤ 成功例：C社　（銀行と取引先の理解） 　　銀行の理解を得て、棚卸資産減少を敢行。　もともと実力企業であったため、取引先がすぐに協力し、値上げも同時に実現。確かに一時的に損益は悪化したが、それを上回る支援が得られ、翌期には業績好転。 ＜コンサルY氏の後日談＞ 　　現場がJIT生産で仕組みを変えて仕掛りや製品在庫を減らすのは、発想の転換を伴うだけに大事業であったが、それに呼応して経理や経営層が銀行や取引先との良好な関係づくりに協力。現場は、一時的な赤字にも動じることなくＪＩＴ改革を貫けた。本社力の重要性を痛感。 ＜教訓：これからのＪＩＴコンサルの在り方＞ 　⇒ JIT生産のコンサル時に「ゴールは"キャッシュ・フロー"効果だけではなく《 JITの創造する資源余力 》の使い道も同時進行する提案」をする。 　Step1：ＪＩＴ生産で仕組みを変え、資源余剰を創出する。 　Step2：創出余力の活用と実力のさらなる向上で、事業創造の「芽さがし」 　Step3：探し出した芽を新規事業、新連携、新規仕組みに。 　（3 Stepを「一連の流れ」として提案し、先行成果としてのStep1の増分キャッシュ・フローと、損益の一周遅れの好転を保証する。）	本社バックアップ 創出余力活用作戦の同時進行

No.113	コラム：海外子会社のJIT経営を支えるワクワクKPIは何か	備考
	○ 海外生産を行う理由がコスト減であるはずなのに、調達LTが長くなってしまったり、在庫を多く抱えたり、却ってコスト高になってことがある。 ○ 海外子会社にもJIT生産を奨励したいとき、日本国内と同様「利益」はそのままは使えない。海外現場の「わくわく指標」は何か、カントリーリスクや、文化、税制などを押さえた簡明指標が必要。 ◎まずは、その海外拠点の使命は何か；イノベーション（開発・マーケティング）の拠点かオペレーション（生産、ロジスティクス）の拠点か、プロフィットセンターか、コストセンターかなどの戦略と役割を定義し共有する。 ◎**海外子会社に必要な経営指標の工夫** 「資源稼働重視」「早作り・まとめ作りの是認」、「出来高給と単能工」などの旧パラダイム（先入観）の存否を見届ける。 同じアジアでも先入観があると一筋縄でいかないが、先入観が存在しない場合はJIT普及はかなり容易。それでも、移転価格税制など、国内工場で使用しているKPIの単純な横展開では上手くいかないことが多いので要注意。 欧米型の大量生産の価値観が既に浸透している国や企業は、JITへの転換は価値観転換を誘導するＫＰＩ(Key Performance Indicator)設計が必要。 　⇒　彼らにとり、「よくなり続けなければならない「進化指標」とは何か。国内での「流れを創る」KPIがどこまで使えるか。（利益やコストを直接求めたらJITは育たない。） ◎**海外子会社が、売上・利益系指標にわくわくしない理由** 振替価格（国際移転価格）と為替変動の影響で、売上・利益に関わる予算管理を行っても、進化指標にならないからわくわくしない。 ◎ **海外子会社のわくわくＫＰＩの例** ① 現場　○正味加工時間比率（NCTR）＝正味加工時間/リードタイム ② 財務　○ 売上高/人数 　　　　○ 在庫回転日数 = 棚卸資産/売上高 ×365 　　　　○ ＢＳＱ（Balance Sheet Quality:貸借対照表の質)）	旧文化遺伝子(先入観)の有無確認

○ ＳＣＣＣ（サプライチェーン現金循環化日数）
○ 売上原価 ／ 固定費

③ P/L よりも B/S の質（ＢＳＱ）を競う。
　　BSQ＝（在庫＋売上債権）／（総資産-現預金）
　　　　　＋ 流動負債／ 負債・資本合計
（意味：調達資金が流動資産、流動負債に廻る資金量が相対的に少なくなるほど、リードタイムが短く、競争力が強く、資金繰りがよい。）

（解説）
◎海外子会社に、売上高、利益系指標が使えない理由と対応策
○ 海外子会社は、内部取引価格設定に国家間の税率の差を利用した租税回避や、国家同士の二重課税を防ぐ「移転価格税制」のグローバル化が進行中。
○ そこでは、独立企業間価格（売価の設定や、棚卸資産の授受価格）が、競争力や交渉力とは無関係の規則性を求められる。売上も原価も、したがって利益にも「オペレーションの実力を知る」機能は期待できなくなる。
○ P/L系の指標が使えないこの状況は、プロフィットセンターでもコストセンターでもない、流れ創りに適した「貸借対照表中心」の経営に切り替えるチャンスでもある。（BSQは、利益や税制に直接の関係はなく、実力測定に耐えられる。）
○コストセンターである海外子会社には、「売上」と「利益」を外して、「売上原価 ／ 固定費」としても、JIT系進化指標はできる。
○移転価格税制評価額とは別に、親子会社間で取り決めた標準売上・仕入高や、標準為替レートを継続使用することも可能。しかし、わくわく感は今ひとつではなかろうか。

◎これらの諸事情を踏まえた上で、海外拠点戦略とJIT経営型KPI設計で、リスクと不完全燃焼を抑えながら、わくわく感あるＰＤＣＡサイクルを如何に廻すかは、今後ますます重要な課題となる。

JITは貸借対照表の質を中長期的に高める手段。

No. 114	コラム(中上級) ： 標準手持ち・AB制御 と本社力	備考
	標準手持ち・AB制御の「会計効果」が分かる本社	
	◎ **標準手持ち**：自工程の標準手持ち量が5個のとき，今，3個しか手持ち量がなければ，自動的に前工程が加工を始め，5個になるまで加工し続ける。後工程が規定量になれば，前工程の加工はストップする。	
	◎ **AB制御**：「標準手持ち」の「必要以上に作らない、人の知恵を機械にやらせる」一種のニンベンのついた自働化。	ニンベンのついた自働化
	○ 自働搬送機の前工程(A点)にワークがあり、後工程(B点)にワークがない場合にのみ、A点からB点にワークが送られる自動制御。(工程間あるいは工程内の標準手持ち量が常に一定量に維持される仕組み)	
	○ 前工程が後工程と関係無しにモノを作って流れをよどませるムダ、最大のムダである作り過ぎを防ぐ文化が形成される。	
	○ 次工程からのプル、つまり相手があっての仕事と考える「横連携」とチームワークで仕事が成り立っていることを、自動制御設備からも体感させる環境づくり。	
	○ AB制御を一部でも取り入れると、仕事は一人だけで行うものではないことを感じ取り、チームのため、最終的に会社のため、"one for all, all for one" という組織文化づくりにつながる。自己都合で勝手に在庫を作っていた時間を、より有効に活用することで、将来利益の増加につながる。	
	◎ **本社力との関係** － 「利益が下がるではないか、カネがかかるではないか」では JIT 失格	現場の会計理解と本社のJIT理解の双方向連携。
	① AB制御のような正味加工時間は減らさないが、待ち時間を減らすJIT投資は当期利益圧迫要因となる。本社が、この利益減とどう向き合うかがJIT経営の鍵。 ⇒キャッシュ・フローやBSQ値がよくなるから、よしやろうなら合格	
	② AB制御や標準手持ち導入の経済効果に敏感になろう。JITの象徴である、正味加工時間比率(NCTR)が増加する結果、仕掛品回転率、キャッシュ・フロー(資金繰り)の改善、貸借対照表の質(BSQ)改善で、将来利益の押し上げ効果が働く。目先の利益減は税支出減のキャッシュ増おまけつきで、さらに資金繰り改善につながり、倒産危機からのV字回復に成功。	BSQ：調達資金を在庫でなく投資に廻せる程度

- 48 -

No.115	ＪＩＴ経営初・中級/本社力：利益包囲網作戦　短期利益志向を直せ	備考

◎わくわくＪＩＴは、リードタイムを短縮するのは何のため？」という根幹部分を経営者と本社会計と現場の三者が共有することが鍵。具体的には、利益が突出しないよう、短期利益狙いを包み込む方法を身につけよう。（失敗例、無数）

事例①トヨタ張さんの話　（目先ではなく明日の利益を考える。）
「私どもは、10人で仕事しているならこれが7人8人でやれないか。それが実現したら、今度はさらに5人6人でやれないかと考える。余った人の首を切るわけではではないので、それですぐに利益になるわけではないが、先の売上増加で利益にもつながる。　私どもは自然にそのように考える癖が身について、今日までずっとやってきた。」
（2009.10.）

事例②　余力の発生で在庫作ると逆戻り　（コラム No.112 参照）
このヒマの発生を、在庫を作った方が遊んでるよりまだましと判断。すると再び利益が出たので、「やっぱりうちにはTPSは向いていない」とJITコンサルにお引き取り願った。貸借対照表の資産総額が減少したことも社長は「事業の萎縮」と捉えた。

事例③　ＥＶＡ（米国発の「税引き前営業利益」）の失敗
「（前略）－　ＥＶＡは一定期間に少ない投下資本で、どれだけ利益を得たかという指標です。投資額ゼロで利益を上げればＥＶＡの評価は高くなるのですから、短期の損益でみれば投資しない方がいい(資本コストが少なくて済むから)、あるいはアウトソースして自分で作らないほうがいい（外注した方が単価が安いから）他人の金で商売した方がいい（税金相当の節税効果があるから）という考えに陥りやすい。ＥＶＡの使い方を誤ると、社員は個人主義や短期思考に走る傾向が強くなる。中期的視点を失うし、新規開発をしようという意欲が出てきません。」
（立花隆/中鉢良治(対談)「経営トップに問う　－　ソニー神話を壊したのは誰だ」文藝春秋）

事例④：失敗例：　ＮＵＭＭＩの奇跡が活かせなかったＧＭ
1984年に操業開始したＧＭとトヨタの合弁会社、ＮＵＭＭＩ（ヌミ）が、実際稼働してみると、操業開始からほぼ2年後には日本同一水準に到達した。トヨタ側の努力とＧＭ側（特に現場）の熱意

が噛み合った"NUMMIの奇跡"と呼ばれる出来事である。

しかし、大量見込み生産の価値観（文化遺伝子）から抜け出せず、トヨタの平等主義的な人づくり文化もデトロイト本社にとって受け入れがたいものであった。このNUMMIの奇跡を活かせなかったGMは、やがて、2009年の経営破綻に至る。

事例⑤　滑り込みセーフの成功例　（そうか、狙いはキャッシュ！）

N製陶の工場は、TPSコンサルの指導で、ムダとりがかなり進んだところ、例によって当年度の大幅減益の予測が社長の耳に入った。やはり、うちにはTPSは向いていないかなと思い始めた社長を、取引銀行が訪問。

「お宅の工場からの借入れ申し込みが減り、しかも今までの負債を返し始めた。一体何があったの？」と質問。暫く考えた社長、ハタと膝を叩いて「やはりやってよかったTPS」。現場に飛んで、「社員諸君よくやってくれた」と、赤字にもかかわらず社員に金一封。「このまま続けてくれ」と二年目に突入した。

JIT1年目の減益はトヨタも経験。但し、キャッシュフローは直ちによくなる。

事例⑥　ソニー(美濃加茂工場)　部品工程のみ中国移管の失敗

ソニーはかつて、部品製作だけを人件費の安い中国に移管。組立ては従来通り日本の美濃加茂工場でという「スマイル戦略」を立てた。（スマイルという用語は、付加価値率の両端（設計と組立）が高くて、中央の部品製作が低いのが、「微笑」の表情に似ているから）。

スマイル戦略は失敗。リードタイムが日本と中国の港の関税検査や輸送で大幅に延びたためである。「加工費＝正味加工時間×レート」という原価定義は人が勝手に拵えたもの。もともと時間に色はついていないので気が付きにくいが、リードタイムイコールコストが本質なのだ。同工場は2013年閉鎖となる。

リードタイムイコールコスト

◎　「利益包囲網作戦」のための会計作戦
<作戦 その1>　自ら「益出し」の機会を封じる本社

> **アイシン精機のKPI　「持続的成長性指標」**
> Ⅰ　ROIC(投下資本利益率) ＝ 経常利益 ／ 投下資本
> Ⅱ　持続的成長性指標＝①+②+③+④　を一定水準以上に保つ.
> 　（①売上高営業利益率, ②売上高減価償却費比率, ③売上高研究開発費比率, ④自動車以外新規事業投資額比率）

売上高営業費比率は、研究開発費や投資を必要以上に抑えれば出せてしまうのでそれだけではだめ。将来への投資を加味した指標を大切にしている。」
　　（同社　三矢誠専務（当時）「2011.11.17 日経新聞)」より。）

<作戦その2>　貸借対照表をクリーンに保つ。
　「新任課長は、貸借対照表の資産の点検を励行し、遊休固定資産、長期滞留在庫などの処分を徹底した。これは「益出し」ならぬ「損出し」行為だが、キャッシュ・フローの回復に節税効果まで上乗せされ、その後事業部の業績は好転していった。」
　（川野克典(2016)『管理会計の理論と実務』中央経済社, p286 より）

<作戦その3>　ＰＰ：利益ポテンシャル(将来儲ける力)
　　⇒「利益だけ」ではなく、利益を在庫で割る。

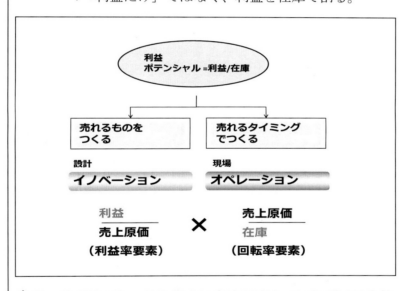

含意：○増益でも、それ以上に在庫が増えていれば JIT 失格。
　　　○減益でも、それ以上に在庫が減っていれば JIT 合格。
　　　○本社は現場に、利益(原価)ではなく回転率向上を求
　　　　める。利益(原価)の 80%は、図面・イノベーションで決まる。
　　（河田編著（2009）『トヨタ 原点回帰の管理会計』p.72）

<作戦 その4：「損益・キャッシュ・フロー結合計算書」>
○P/L 営業利益の質を C/F の営業キャッシュ・フローで見える化．
　○利益は中間項。ボトムラインはキャッシュ・フロー

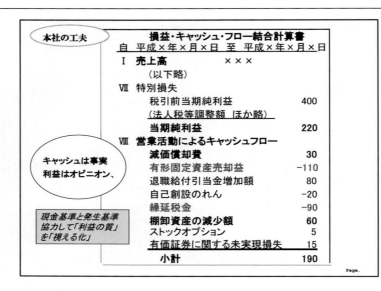

○「営業活動によるキャッシュ・フロー」は重要な収益力指標。
　（制度的に後発のため、P/Lが収益指標として先行しただけ）
○ 現行制度のP/LとC/Fを結合表示する手間はほとんどゼロ。
（在庫減での減益60はキャッシュ増効果60として見える化されるなど、在庫減効果が複眼で見えてくるので、JITに拍車がかかる。）
○ 月次の本社役員会でこの結合計算書を議論すると、幹部のわくわくJITセンスが磨かれる。（河田編著（2009）同上著,p.72）

結論:

「短期利益偏重に陥らないための工夫」を本社と工場が協力して工夫する。「正直・自然体会計」ほど、経営指標としての社内的信頼度、流れ創りへのわくわく感が高まり、結局、中長期的な収益力につながる。上記の各作戦は、いずれも情報コストはほとんどかからない。

No. 116	わくわく JIT 初級： 組み替えるべき TPS 対する誤解や偏見	備考
	◎ 知っておこう。大野さんも苦労した、社内外のＴＰＳに対する誤解・偏見・抵抗例 ○ 仕入先は在庫を持たないと多回納入に対応できないので、ＴＰＳは下請けいじめだ。 　　⇒ 引取り１回分の在庫は必要だがそれ以上は不要。仕入先さんも下請けさんも JIT をどうぞ。 　　⇒ 「叩いて安く買う」など、流れ創りとまったく無関係（大野） ○ ＴＰＳは「ＥＯＱ（経済ロット）」を無視している。 　　⇒ ＥＯＱは定数ではなく変数。段取り改善でＥＯＱ値自体が減り、ついには「１個」がＥＯＱとなるのです。 ○ 多頻度搬送、多回納入は「運搬費のムダ」 　　⇒ リードタイム短縮で得られる「増分キャッシュ」と「顧客満足」の方がはるかに大きいので小刻みに運びます。 ○ ＴＰＳのいう在庫ゼロはとてもムリ。工程間の手持ちがないと突発事態に対応できない。 　　⇒ 私は在庫ゼロにせよと言ったことは一度もない（大野） 　　⇒ 「標準手持ち」など、むしろ在庫を上手に持とう。 ○ 在庫持たないと客先の変動をモロに被る。 　　⇒ 完成品在庫は業種によってはある程度ＯＫ。その場合も材料、仕掛品在庫は少ないほどむしろ顧客対応力がある。 ◎ 頭のよしあしに関係ない「思い込み」の数々 × 納期順守のために在庫が必要 　　⇒ 中間在庫(仕掛品)を減らすほど、納期はむしろ守り易い。 × 納期順守のためには、早めスタートがよい。 　　⇒ 早め着手はカネがかかるし、納期はむしろ守りにくい。納期側に引き寄せて作る方が、納期順守率は断然向上。 × 個当りコストのためには「まとめ作り」が必要。 　　⇒ 刻んで作るほどリードタイムが縮まり、キャッシュが得 × 工程別能率管理で、人・機械を遊ばせないようにする。せっかく買った機械だ。遊ばせたら損 　　⇒ 能率アップはボトルネックだけが得、あとはむしろ損。 　　⇒ 稼働率より可動率。（いつでも打てる、「打ち方ヤメ！」）	ほとんどの場合、思い込みの正反対が正しい。やってみたら目からウロコ。 「早作り」と「まとめ作り」をひかえるほど、流れは速まる。

◎ 以上のような「思い込み」は一見重症だが、「紙飛行機ゲーム」による体感と「坐学」を組み合わせると、一日でころりと治ることもしばしばなので、「不治の病」ではない。（TPS容易説）

> **TPS：容易説と困難説**
>
> "導入容易説"
> 「トヨタ生産方式（TPS）など簡単である。指折って10まで数えられる人間なら導入できる」(大野耐一)
>
> "導入困難説"
> 「ビッグ・スリーを始め，数え切れない工場視察団がトヨタの工場を訪れ，トヨタがそのやり方をオープンにしても，うまくトヨタの真似ができた企業はほとんどない。厳密に言えばゼロ」Spear & Bowen[1999]

◎ 大野さんは、容易説を1960年代のブラジルトヨタでやって見せた。2000年に入り、中国の天津トヨタでは、3-4年でプル方式をマスターし、5年目には「クラウン」を出荷。一方、トヨタ自身は、社内の発想をプッシュからプルに切り替える説得に10年要している。（大野（1978）p.65）容易説と困難説、どれが本当？

◎ 答えは、JITの限量生産とは正反対の大量生産時代の「思い込み」が、どれだけ脳に刷り込まれているかいないかである。トヨタ自身も未開の荒野での頭の切り替えに時間がかかったが、ブラジルトヨタや天津トヨタでは、白いキャンバスにトヨタの描きたい絵が描けたのだ。

◎ 坐学の可能性-「紙飛行機折ゲーム」に坐学を加えるとさらに有効。

○「個当たり原価は、生産個数が大きいと安くなる。しかし現金支出は生産個数が小さいと安く、大きいと高くなり、個当たり原価と現金支出は反対の関係にあることが今日の講義で分かった。その結果、受注個数に生産個数を近づけ、ロットサイズを小さくするほど良いと思った。」（学生の授業感想レポートより）

○ このような大野さんと同じ「小ロット化」の優勢を学生が一日で言い出す。ということはやはり、下手な先入観のない者ならスーっと分かるのがＴＰＳなのだ。

サイドノート:
- 1個流しの効果を半日の紙飛行機実験で体感（マレーシアCLPG社）
- 天津トヨタは、経験者ではなくオール素人の天津市民を採用し、初めからプル方式で指導し成功。

No. 117	JIT本社力（中級）：「待ち時間の原価化」－リードタイム基準配賦	備考
	◎ ことの起こり：「皆さんは、モノが機械で加工されている時間が大事だと考えているかもしれないが、機械の傍で、モノが寝ている、待っている時間も同じように大切なのですよ」 　　　　　　　　　　　　　　（張副社長（当時）1995） ◎ タクシーのメーターは、運転中はもちろん、交差点で信号待ちの間もコンスタントに上がり続ける。だから当然、待ち時間も原価である。これがJIT生産の思考であるのに対し、制度会計上、モノの待ち時間は原価不算入とされている。制度の方が不合理。 　　　　　　　　　　　　　　（小島プレス社長談 2015） ◎ 通常「正味加工時間」よりの数百倍も長い「待ち時間」の短縮を狙うJIT生産が、この原価計算基準と対立ではなく連携して、待ち時間を原価にする方法が、LTB（リードタイム基準）配賦。正味加工時間比率を媒介すると、（本社用の）DTB配賦率と（現場用）の「LTB配賦率」に「読み替え」「読み戻し」の往復が可能となる。現場では、「タクシーのメーター型」の待ち時間のコスト計算ができる。 ◎設例：ある品目の個当り正味加工時間が10H、LTが5000Hとする。この工場のDTB配賦率が2万円とする。この場合、NCTR＝0.002（＝10時間/5000時間）だから 　　　LTB配賦率＝DTB配賦率（2万円）×NCTR（0.002）＝40円 つまり現場は、本社の言う「DTB時給2万円」を、現場は「LTB時給40円」と読み替えて仕事する。これにより、加工時間は不変でも待ち時間を減らしてリードタイムが半減すると、原価も半分となる。（これは社内の評価。外部報告は従来通りDTBで行えばよい） 逆に、倉庫に2日眠っているだけで、原価は1920円（＝48H×40円）積みあがる。張さんの指導と原価計算のロジックがピタリ整合する。 ◎背景理論 　ものづくりとは「設計情報の転写」である。転写速度の測定を発信媒体の発信速度（人、機械）から、受信媒体の受信速度（材料、モノ）の両方で行うとき、媒体受信速度（リードタイム）に占める媒体発信速度（正味加工時間）の比率、つまり「正味加工時間比率（NCTR: Net Conversion Time Ratio）」を高めることがJIT生産の本質である。	原価計算基準は直接時間基準（製造間接費を直接時間に配賦するDTB: Direct Time Base） リードタイム基準（LTB: Lead Time Base） 個当り正味加工時間 10H/ LT 5000H ＝0.002（NCTR） 設計情報転写論 東京大学 MMRC （藤本隆宏教授）

| No. 118 | JIT本社力(中上級)：「待ち時間」の原価化と原価計算基準 | 備考 |

　　待ち時間の原価化を意図して、全部原価計算にリードタイム基準配
　賦法(LTB)を採用した場合、原価計算基準との関係はどうなるか。
　　　結論：実額の配賦漏れさえなければ問題はない。

◎ＬＴＢ配賦の提唱
○ 全部原価計算制度のもとで、配賦基準の時間軸を直接時間(ＤＴ)
　からリードタイム(ＬＴ)に拡張する。設計情報転写速度の測
　定を発信媒体(人、機械)の発信速度ではなく、受信媒体の受信速度
　で測定することにより、待ち時間を製品原価に算入する合理性は高
　まる。(特に、すり合わせ型製品の場合に効果的である)

◎ 現実の確認：
○ 流れ創りになじまない全部原価そのものは否定できないか？
　　結論：できない。
　日本では、戦前からの伝統的方法として直接時間配賦基準(ＤＴＢ)
　が根付いている。日本で最初に原価計算のガイドラインが作られた
　のは昭和12年11月の製造原価計算準則であり、すでに標準原価計
　算による管理が考慮されていた。その後、戦時統制のための業種別
　原価計算準則が定められる。
○ 配賦という行為自体は、「製品にチャージできないものと認識し
　た固定間接費を再び何らかの理屈をつけて製品にチャージする」
　論理矛盾行為ではないか。
　　結論：直接費についてはその通りだが、原価計算基準の考え方
　は、原価とは営業部門費のうち、期間原価となるものを除いた
　価値の費消を言うので、その限りにおいて、論理的に矛盾はして
　いない。(配賦自体を攻めるのはムリ)
○ 税務上は全部原価計算をやめるわけにはいかないし、社内でも
　営業の見積り業務には必要なので配賦行為は慣習として存在し
　続ける。従って、全部原価計算を容認して、配賦の論理矛盾の影
　響を極力低くする現実的対応が求められる。

◎ 直接時間基準配賦（DTB）の問題点
○ 直接労務費が固定間接費に占める比率の高い時代には、比較
　的矛盾の程度は小さかった。現代では直接人件費の比率は10～15%。
　さらに正味加工時間比率が数百分の1という待ち時間のウエイトの

- 56 -

高い擦り合せ型製品においては、正味加工時間のみに着眼するDTB配賦法は、原価や収益力の実力測定手段として信頼度はさらに低い。機械時間法でも、同じ理由で当然信頼度は低い。

◎ 「原価計算基準」との関係確認

○ 1962年(昭和37年)に制定された原価計算基準は、従前の「製造工業原価計算要領」が戦後の経済状況に合わなくなり、新たな基準として昭和25年11月から12年の期間をかけて何とか合意を得て、同じ年、公表された企業会計原則とのサブセットとして公表されたものである。原価計算基準は財務会計のデータを基に、連続生産を前提にした期間損益計算を基本としており、操業度(人・機械の予定・実際稼働時間)を会計年度の期首に予定値を設定し、以後実際値を測定し、差額を調整する方法を採る。これが、操業度による直接時間基準、すなわちDTBである。

○ 戦後の経済発展に対し、業務計画や原価管理に役立つ原価計算への要請が強くなり標準原価計算制度を取り入れた。一方で、課税当局は実際原価を前提に課税する立場を譲らず、妥協として標準と実際の誤差1％なら標準原価計算を認めるとした。この妥協案に到達するのに昭和34年4月から37年10月までの長期を要したことも事実である。

○ 標準原価計算制度は原価見積書と類似し、製造指図書による原価管理手法としては限界があるが、原価管理などに必要な情報を提供することも考慮した妥協の産物。そのため、個別製品の原価管理目的に適用することはできない。仮に、工場トータルの操業度が1％であったとしても、受注製品構成(プロダクトミックス)の変化により、実際製造間接費が大きく揺れるためである。

○ 原価計算基準は、このような製品特性への配慮に欠けた「一般規範」のため、「特殊原価調査」には使いにくい。これには、原価計算基準制定作業にあたり、連続生産など日本企業の戦前からの慣行を重視したこともある。(後日、故中西寅雄教授より将来の見直しを託された経緯)

◎ リードタイム基準配賦(LTB)が、原価計算基準に整合する理由

○ 基準の「第4節 原価の製品別計算 33 間接費の配賦(五)」において、「予定配賦率の計算の基礎となる予定操業度は、(中略)原則として直接作業時間、機械運転時間、生産数量等間接費の発生と

関連ある適当な物量基準によって，これを表示する」とあるのは、上述の通り、連続生産にはある程度適しているが、NCTR（正味加工時間比率）の著しく低い非連続生産には、著しく不合理となる。間接費の発生と関連ある適当な物量基準としては、待ち時間を含む時間軸全体に賦課すべき性格の費目（間接社員の人件費、各種引当金など）の方多いことから、LTB 配賦の合理性がむしろ高い。

○ リードタイムの測定という技術課題が今日、解決済であることも併せ、全部原価計算を容認して配賦の論理矛盾の影響を極力低くする現実的対応として LTB 配賦が奨められる。

コラム No,124「リードタイム測定法」参照

◎ **実務の要点は、ＤＴＢとＬＴＢの双方へ簡単に対応できること**
「ＤＴＢ（10,000 円）×ＮＣＴＲ（正味加工時間配賦率 4％）＝400 円」という読み替えによって、経過時間すべてに時間当たり 400 円を乗ずる「読み替え」で、現場は簡単にリードタイム短縮効果が原価低減として認識できる。本社の対外的財務報告は従来通りＤＴＢで対応可能。（待ち時間低減効果を原価差額として外部報告する必要はない。本質が同じレートに読み替えるだけである。）

◎ **LTB で前進する現場のＪＩＴ投資の効果測定**
ボトルネックへの設備投資効果の見える化、多頻度搬送、ミルクラン等のリードタイム短縮効果が、正味加工時間がなんら短縮しない余分な出費でも原価低減として評価可能となる

◎ **参考：待ち時間が原価非参入のために経営を誤った例**
製品・事業別採算制の評価などにあたり、経理担当者はわが国だけではなく欧米も含め原価計算における配賦計算のしがらみから抜け出せない。特に工程自動化や少量多品種生産による連続生産では、工場が自動化され 24 時間稼動の高操業度の工程を抱える企業で製品別採算性分析をしたとき、製造間接費の配賦額が過大になり、不採算製品と誤解した経営判断により消滅した半導体企業もある。
量産品への過大配賦、非量産品への過少配賦という同じ理由（cross subsidy）への着眼で米国で誕生したＡＢＣ（活動基準原価計算）は、本質的に従来のＤＴＢを細分化しただけで。流れ創りの測定には役立たない。

ジョンソン・キャプラン『レリバンス・ロスト(適合性の喪失』,1978

No.119	海外からの駆け込み相談：「在庫減だが大幅利益減！」どうする？	備考
	◎JIT導入初年度に部分的ながらスーッと流れる「1個流し」まで実現したマレーシアABC社が大幅減益とは！ 事例：さばけるか？ＪＩＴ本格導入初年度に必ず起きる財務内容の急変（ABC社のJIT導入経緯はコラムNo.103参照）	B/S：貸借対照表 P/L：損益計算書 C/F：キャッシュ・フロー計算書 固定経費のより多くの部分が売上原価に向かうための当期減益

	貸借対照表	2013/12	2014/12	2015/12 K RM	増減	判断
	流動資産	5574	6620	7642		
①	（うち現金預金）	45	90	657	↗	◎
	（うち受取手形・売掛金）	2258	1975	2168		
②	（うち棚卸資産）	1875	2040	1306	→	◎
	固定資産	8385	8073	8061		
	資産合計	13959	14693	15703		
③	流動負債	8714	9635	6120	→	◎
	固定負債	1117	594	7124		
	負債合計	9831	10229	13244		
	純資産合計	4127	4464	8611		
	負債・純資産合計	13959	14693	15703		
	損益計算書					
④	売上高	16098	16238	16294	→	○
⑤	売上原価	12646	12786	12925		
⑥	売上総利益	3452	3452	3369	→	?
	販売費および一般管理費	2332	2307	2681		
⑦	営業利益	1120	1145	688	→	?
	JIT経営分析					
⑧	貸借対照表の質(BSQ)	0.92	0.93	0.62	→	◎
⑨	(棚卸資産+売上債権)/総資産-現金預金)	0.30	0.27	0.23	→	◎
⑩	流動負債/負債純資産合計	0.62	0.66	0.39	→	◎
⑪	営業利益/売上 ％	7.0	7.1	4.2	→	?
⑫	売上/平均棚卸資産		8.3	9.7	↗	
⑬	投下資本営業利益率（ROIC）%		0.11	0.05	→	?
⑭	自己資本(営業)利益率(ROE)		0.27	0.11	→	?

解説

○この問題はトヨタも半世紀前に経験し、社内が戦争状態になったという。今からＪＩＴを導入する世界のものづくり企業にも待ち構えている事態だ。問題は、（短期利益志向の）本社や株主が慄然とするような⑥売上総利益、⑦営業利益、⑪売上高営業利益率、⑬ＲＯＩＣ⑭ＲＯＥ の急降下である。

〈いわゆる「大野・花井戦争」〉

○ところが一方で売上高は概ね維持で、②棚卸資産と③の流動負債は大幅減、①の現預金は大幅増でいずれもＪＩＴの狙い通りという、素人ならどう考えてもグッド・ニュースである。どう解釈すればよいか。

○ 判断のカギを握るのは利益ではなく、⑧の貸借対照表の質（ＢＳＱ）である。ＢＳＱは流れ創りが進むにつれて、小さくなるべき進化指標である。
　ＪＩＴ開始年度で流れがよくなると、先ず、②在庫減で⑨総資産に占める在庫の割合が小さくなる、次にリードタイム短縮効果で③仕入債務の発生が遅れ、①手持ち現金が増える。その結果貸借対照表の質(BSQ)がよくなる。当期利益増減よりこちらの方がはるかに大事。

○特に欧米人の関心の強い⑬のROEの大幅悪化は、大幅在庫減に起因する利益の大幅減が原因だが、在庫減の必然的結果だから、むしろグッドニースに他ならない。

◎ＪＩＴ経営ということは、貸借対照表中心の経営ということと同義である。ＢＳＱに無関心な損益計算書中心の経営では、ＪＩＴは進まない。あるいは、B/Sに残留している長期滞留資産を帳簿から落とせない。B/Sの質を痛めてでも益出しを優先する「P／L病」は、頭をB/S優先に切り替えるだけで一発で治る。

以上の交信により、混乱しかけた頭の整理ができたCLPG社の社長は勇躍、2年目のＪＩＴ経営に進んだ。JIT入門者のロールモデルになりそうだ。

No. 120　　**JIT本社力（中上級）：経営指標ROEとBSQの連携プレー**　　備考

JIT経営のBSQ指標と資本市場のROE指標の関係を考える。

◎経営情報の3階層

階層	像タイプ	情報種類	情報特性	情報対象	表現形態
第3層	写像(築像)	データ	貨幣次元	会計情報	数値
第2層	写像	データ	物量次元	生産情報	数値
第1層	実像	非データ	場面/現地現物	場面情報	フレーズ

ものづくりの経営情報の階層を上図のように捉えると、第1層が複雑系で暗黙知の支配する「すり合わせ型製品」の場合、本社の第3層が、カネ目(会計系)の指標を不用意に発信すると第1,第2層の「流れ創り」の現場を破壊することがある。中二階からみて、三層それぞれの意味的整合が取れるような全社最適経営指標の設計が重要。

◎　売上高利益率、台当りコスト、ROEといった、損益系の指標を第3層に持ってくると、流れ創りの第1、2層の現場力をむしろ萎縮させてしまう。第1層が「スーっと流れる」なら、第2層は正味加工時間比率（NCTR）、第3層は「棚卸資産回転率」とするなら、意味が一貫しているので、現場はすっきりワクワクする。

○　こう考えると、ROEは売上高利益率と同様、これを社内の目標にしてしまうと、1層、2層の流れ創りとはつながりのないノイズとなりかねない。そこで、ROEをBSQを連携プレーで使うという方法が考えられる。

○　ROE(株主資本利益率)
　　＝当期利益/売上高（ＲＯＳ）×売上高/総資産（ＲＯＡ）
　　　　×総資産/自己資本

問題：　在庫を積み増して当期利益を増やし、借金を増やして負債比率（バレッジ）を拡大することで一時的にＲＯＥは上昇し。資本市場の評価は維持されるが、内部では貸借対照表の毀損が進行するリスクがある。このリスクが典型的に表れたのが、1990年代の米国。では、どうする。

回答：ＲＯＥとＢＳＱの連携
　　株主価値経営の象徴的な指標ROEと、中長期的な流れ創りの進化を象徴するBSQは、まさに対極的な指標である。そこで、

備考：本社・会計人のものづくりリテラシーのために

Return of Equity, Return of Sales, Return of Asset

当該企業のROE値が、「益出し」などの貸借対照表の毀損を伴わない健全なものであることを検証する役割を担うのがBSQである。

「BSQが悪化していない」という予選を勝ち抜いた企業がROE競技参加資格を与える。「レバレッジでROEをよく見せる」という競争力と無関係な行為に攪乱されない資本市場が期待できよう。

○ 株主価値経営と短期利益思考　（ROE一人歩きリスクの実例）

「現実には，アメリカ人はますます損益計算書における報告利益だけに関心を持つようになった。多くの場合，市場は短期の今日現在のボトムラインに焦点をあてた。そして，役員の報酬を（ストックオプション制度によって）株価と連動させることで，彼らはいっそう今日現在の利益に対する関心を強め，会社の長期的な評判を高めようというインセンティヴは失っていった」

<Stiglitz, J. (2004), *The Roaring nineties-why we're paying the price for the greediest decade in history*, Penguin Books>

◎BSQ　（Balance Sheet Quality）

流れ創りが進むほど、総資産に占める営業目的の流動資産と支払債務のウエイトが小さくなることに着目する進化指標。BSQ値が少ないほど貸借対照表の質が高い

○ 改めてBSQ算式で確認する。

$$BSQ = M/A + N/C$$

ここで、　M：営業資産（棚卸資産、売上債権）
　　　　　A：総資産　（ただし資産科目中、「解決項目」である現金を除いた残額）
　　　　　N：流動負債
　　　　　C：負債・資本合計

本算式により、在庫増による「益出し」や流動負債増はBSQ値の増大を招くことは明らかであろう。従ってROEは、その信頼性をBSQによって立証される関係にある。資本市場におけるROE値の信頼性をBSQ値が担保するという関係である。

期間損益計算で未解決項目の収納箱がB/Sだが、現金だけ解決項目

◎ 実際の経営分析例 （自動車4社）

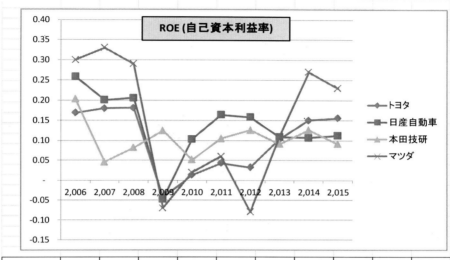

	2,006	2,007	2,008	2,009	2,010	2,011	2,012	2,013	2,014	2,015
トヨタ	0.17	0.18	0.18	−0.04	0.01	0.04	0.03	0.10	0.15	0.16
日産自動車	0.26	0.20	0.21	−0.05	0.10	0.16	0.16	0.11	0.11	0.11
本田技研	0.20	0.05	0.08	0.12	0.05	0.10	0.13	0.09	0.13	0.09
マツダ	0.30	0.33	0.29	−0.07	0.02	0.06	−0.08	0.11	0.27	0.23

ＲＯＥはリーマンショックで大きく下落し、徐々に回復。四社のＲＯＥは、トヨタ、マツダの直近の若干の好調はあるが、トレンドとしては混沌とした"ダンゴレース"である。

○一方、ＢＳＱで見ると、

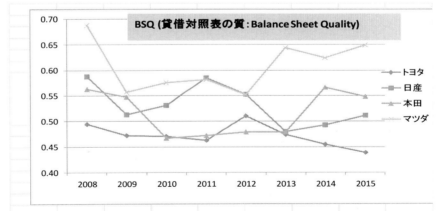

BSQ	2008	2009	2010	2011	2012	2013	2014	2015
トヨタ	0.49	0.47	0.47	0.46	0.51	0.47	0.46	0.44
日産	0.59	0.51	0.53	0.58	0.55	0.48	0.49	0.51
本田	0.56	0.55	0.47	0.47	0.48	0.48	0.57	0.55
マツダ	0.69	0.56	0.58	0.58	0.55	0.64	0.62	0.65

だ。（シュマーレンバッハ）

ＢＳＱは収益力の長期的集積なので、リーマン期の下降程度もわずか、優劣も、トヨタの比較的優位がかなり鮮明である。

〇なお、参考値として業績不振に陥った東芝とシャープの
　ＢＳＱ値を紹介する。(グラフは省略)

　調達資本の大半が運転資金に費やされている状況が、長期にわたり継続し、「流れ改善と貸借対照表中心思考」の欠落が指摘されざるを得ないであろう。このようなことに敏感な資本市場と本社力が期待される。

(参考値)

BSQ	2008	2009	2010	2011	2012	2013	2014	2015
東芝	0.89	0.93	0.85	0.86	0.88	0.88	0.84	0.86
シャープ	0.85	0.76	0.77	0.76	0.91	1.19	1.12	1.30

(データはいずれも日経 needs 財務データより編集)

結論
　会社の実力というものは、貸借対照表に如実に反映されていることを経営トップと本社経理は自覚する。流れ創り(スピード重視)を目指すJITの導入成功率を高めるのは「現場力」もさることながら、それを会計的に支援できる「本社力」が欠かせない。

| No. 121 | コラム（上級）：製品アーキテクチャーと「自働化・ジャスインタイム」 | 備考 |

◎TPSの「二本柱」と製品アーキテクチャーの関係に基づいて「流れ創り」の進め方が変わっていくダイナミックな過程を考える。

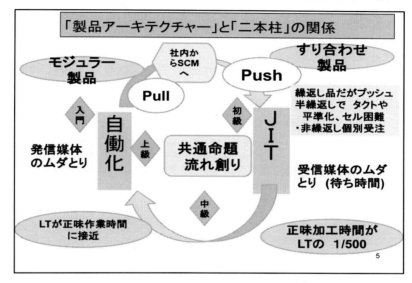

○TPS入門は、図の左側の人、機械による正味加工作業の「自働化」から始まる。人、機械の正常状態（標準作業）とは何かを明確にして初めて、何かの「異常」発生の場合には、機械が自動的に「止まる」、作業者の場合は自分の意思で作業を「止める」ことが可能となる。

○但し、製品アーキテクチャーが自動車のような「すり合わせ型」製品の場合は、個当りの「待ち時間」が「正味加工時間」の数百倍にもなるという現実がある。そこで、図の右側の待ち時間短縮、過早着手、過大まとめの抑止などJITの側に焦点を移すと、それだけ流れ速度は加速する。

○次に本格的JITの柱の課題である「平準化」、「同期化」、「整流化」の三つに取り組む主役は、生産計画、生産技術などスタッフ部門。一方、製造部門は、「自働化」領域における段取り改善に取り組む。これには、作業者、生産技術、品質、生産計画のオール現場部門が協力し、小ロット化を通じて、多品種少量生産に対する抵抗感をなくしていく重要テーマである。

○段取り時間短縮によって成立する小ロット化スケジューリングで、JIT生産が成立する。（「かんばん」はプル（後工程引き取り）方式による最も効率的なJIT生産手段である。）

○すり合わせ型製品では、ＪＩＴ初級では「待ち時間」が重視され、中、上級に高まるにつれ、再び「自働化」の改善が重要となる。ＴＰＳの二本柱は、このような自働化を起点とするダイナミックな循環過程として説明できる。

○動機づけがしっかりしていると、作業者は「少し無理めの小ロット化」やボトルネック工程の「正味加工時間」短縮に挑戦。ここで再び「自働停止」が働き、反省とさらなる改善へ。原点は常に自働化である。

◎藤本モデルと流れ創り指標「正味加工時間比率(NCTR)」の関係

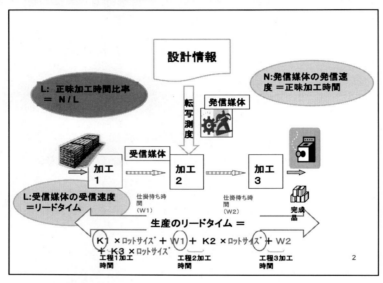

◎ ＴＰＳの本質は、「ものづくり＝設計情報の転写」説、「製品アーキテクチャー論」、「流れ創り＝正味加工時間比率増大」の三つの藤本モデルから、説明できる。

① 生産性の定義：少種多量生産時代は、「設計情報発信媒体による発信速度」の生産性を測定していたが、多種少量生産を目指すＴＰＳは「設計情報受信媒体の受信速度」で生産性を測定する。

② すり合わせ型の製品では、発信媒体の発信時間と受信媒体の受信速度の比率（正味加工時間比率：NCTR：Net Conversion Time Ratio）は"数百分の１"である。
　　ＴＰＳの究極的な目標はＮＣＴＲ＝１（待ち時間ゼロ）で、物がスーッと流れる１個流しの世界）である。

| No.122 | コラム：製造業を越える JIT 成功事例 ： 古書再生事業 | 備考 |

◎リネットジャパングループ㈱は、宅配便を活用して「家庭に居ながら参加できる循環型社会の形成」を目指し、読み終わったコミック本・書籍・CD・DVD等を、ネットを通じて買い取り(宅配引取)をし、ネットを通じて販売(宅配配送)する。ネット上の紹介品目(在庫点数)は約100万点、毎日の買取・販売量は共に4万点。

〇第1ステップ―――「小ロット化による流れ化」

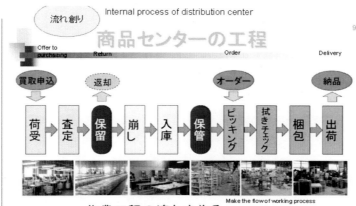

改善は流れの異常の発見から。それには、まず「正常な状態」を創りだすこと。
「整流化」・・理想的には、只一つ、只一種、一冊毎の流れに。
「平準化」・・どの時間帯も同様の製品、どの人も同じ負荷で。
「同期化」・・１本化された工程はどの工程も同じ速さ（タクト）で生産が行われている。

〇第2ステップ （異常の発見と改善）＜自働化＞
全工程で同期した流れ化ができていれば、どこかの作業工程で異常が起きると流れが滞る。この時点で流れを止めるまさに「ニンベンのついた自働化」で、作業自体が止まる、あるいは止める。
そこで、誰でも異常だと気付くので、作業者は、直ちに問題点を見付け、現地現物、5回の何故で改善活動ができ、さらに流れは改善。

◎ここでのJITの特徴 ― 特にIT(コンピュータ)との関係性
　上記改善活動そのものにはITは使わない。ITを使った日報や週報では発見が遅れて、改善に役立たないから。ただし、人の注意力に頼らざるを得ない部分には積極的にITを活用。
　　① 査定工程において、査定した値段は正しいか。
　　② ピッキングで取り出した商品は、注文通りの商品か。
　　③ ピッキングにおいて、次に取り出す一番近い場所はどこか。
　　④ 出荷において、注文通りの品が全て揃っているか。
　改善活動の主役は人間、ITはその補助手段という関係が大切。

> IoT時代も変わらない、「改善するのは人。ITはそれを助ける」という関係。

◎ 同社のJIT生産を流れる基本哲学 ― 「恕」
根底に流れる思想は「恕」、即ち相手の立場を思いやるこころ。
自分の都合でなく、相手(次)工程の都合を配慮して仕事する。
孔子の儒教思想にもとづいた、日本人ならではの思いやりの心で、(個人ではなく)グループ活動による改善を進め、人の達成感の醸成を一番に考えて愚直に進めている。

○ 各方面からのご支援、ご関心
　書籍での紹介（「サービス産業 生産性向上入門」、「非製造業もトヨタ生産方式」「トヨタ式人財づくり」（日刊工業新聞社刊）。
　　IEレビュー誌。新聞各紙多数。
　経済産業省 サービス産業生産性革新委員会 委員並びにワーキング・グループに選抜。
　見学（サービス産業生産性協議会、日本生産性本部、
　　　　中部産業連盟，海外：デンマーク、ドイツ、アメリカ、オランダ、スペイン、スイス、チリ、南アフリカ 等々）

No. 123	コラム：「現場力・本社力・IT力の連携」によるワクワクって何？	備考

◎ 現場のわくわく （初級の現場）

○製造業で一般的なプッシュ型個別受注生産でも、「早め作り」と「まとめ作り」をちょっと控えてみる。たとえば、材料の現場投入をちょっと遅めでロットを半分にしてみるだけで、在庫半分、スピード倍増くらいは実現する。ホンの入口だが、JIT経営としては、これはわくわくグッド・ニュース。現場も工場風景一変でわくわく。

◎現場のわくわく（中級の現場）

○入口で流れ創りの味を占めた現場は、自分たちで段取り改善を考え、さらにロットを刻み始める。

○繰り返し品では後工程補充(プル生産)が始まる。但し、業態、製品タイプによっては、タクトや負荷平準化、セル生産などのプルのツールがなじまない製品も確かに存在する。しかし、プッシュのままでも、ボトルネックの正味加工時間短縮や小ロット化の実施で流れ創りは進化する。わくわく感が「やればできる」自信に変貌する。

◎ 本社は「ものづくりリテラシー」を

○問題は、現場力の進化の度合いを測定し、励みにする指標を設計できるだけの「ものづくりリテラシー」を本社が持てるか、だ。

○昔ながらの「資源の稼働率志向」では「物の流れ創り」と整合しない。リードタイム(LT)または「正味加工時間比率(NCTR)＝正味加工時間/LT」なら流れ創りと整合する。「利益」では整合しないが、「在庫回転率」なら整合する、などを理解する「ものづくりリテラシー」を本社はみにつけよう。

○本社がP/Lの当期利益だけ見る癖がついていると、現場の流れ改善のグッド・ニュースが、当期利益の半減のバッドニュースと化す。

○プッシュの個別受注生産では、リードタイムは正味加工時間の500倍もあるから、待ち時間短縮の改善余地が大きい。しかし、待ち時間の短縮では、今の原価は1円も下がらないし、利益は1円も増えない。

○だが冷静に考えると、時間に色はついていない。待ち時間も時間だ。JITによる在庫半減は、「B／Sの質」が向上し手元資金が豊かになることだ。潰れそうな会社がV字回復という願ってもない資金の使い道が生まれる本社にとって、在庫半減こそが、わくわくグッド・ニュースなのだ。

◎さらに上達して、社内の流れ創りはボツボツ限界かという上級JITにおいても、協力企業との流れ創り、販売店や最終顧客とのSCMが課題となり、海外との分業・協業が始まると「グローバルSCMM」へと流れづくりのシステム範囲は拡大しわくわくJITの進化は続く。

◎ 営業部門のわくわく

リードタイムが短縮され、小ロット化により、仕掛けのチャンスが増え生産部門の対応も迅速となり、受注競争力が高まるのが何よりわくわく。価格競争力もアップし販売活動がさらに楽しみ。

◎ IT部門のわくわく

現場は生産管理システム、本社は会計システムと別々に運営する前世期型のITシステムから統合型のIoTへ。

ものづくり経営情報の階層　（再掲）

階層	像タイプ	情報種類	情報特性	情報対象	表現形態
第3層	築像	データ	貨幣次元	会計情報	数値
第2層	写像	データ	物量次元	生産情報	数値
第1層	実像	非データ	場面/現地現物	場面情報	フレーズ

○　現場の異常がオフィスでリアルタイムで見える第1層と第2層のつながりは、IoTとして、すでに強化が始まっている。しかし、第3層の本社の会計とのつながりまで含む「JIT経営」システムは、まだ"インダストリー4.0"もまだこれからの楽しみだ。

サプライチェーンマネジメント

No.124	わくわくJIT　（中・上級）：　リードタイム測定法	備考

TPSの本質である正味加工時間比率（NCTR＝正味加工時間比率）向上のためには、分母であるリードタイム(LT)の測定と運用方法を確率する必要がある。ここでは加工工程のLTを取り上げる。

◎　**繰り返し品(流れ生産)の場合の個当り標準LTの設定**　　　　　　　　　　　　　標準リードタイム

○　号機生産開始前(設計・生技段階)、販売計画に基づいて、品目別、工程別に、標準タクトタイムと標準ロットサイズが決まることから、標準リードタイム(LT)が確定する。

○　工程別の標準ロットサイズは、次に仕掛かるまでに販売計画量が充足されるように設定する。例えば販売計画量を50個とすると、工程完了までの工程別標準タクトタイム＝標準ロットサイズ（50個） / 単位時間当たり売れる量（10個） ＝5時間（=50/10）

当該工程リードタイム

｛（標準段取時間/ロットサイズ量＋個当り標準正味加工時間｝
＋｛標準タクトタイム｝×ロットサイズ】＝当該工程ＬＴ

当該工程ＬＴ×工程数　＝　当該品目個当たり標準ＬＴ

ロット全数の当該工程の標準リードタイムは
【｛（段取時間＋全正味加工時間｝＋｛ロットサイズ*タクトタイム｝】として計算される。

◎　つまり、**顧客要求と生産計画を満たすには、各生産工程は標準タクトタイムを意識しこれを遵守すればよい。**　　　　　　　　　　　　　標準手持ち分もリードタイム加算

（「（個当り段取Ｈ＋個当り加工Ｈ）≦タクトタイム」が工程設計で保証されていることが前提条件。）

○「待ち時間の原価化」を意図するＬＴＢ（リードタイム基準原価）に於いては、ストアに寝ている時間も管理（原価）の対象とすべきとすることから、標準手持ち在庫量を標準タクトタイムで割った値も標準リードタイムに加算する。

	○ 標準LTを生産開始前に設計または生産技術段階で、原価企画として戦略的に設定できる。リードタイム基準間接費配賦(LTB)と併用すれば、ロットサイズ×タクトタイム＝リードタイムであるから、「小ロット化こそが加工費低減の決め手」というＪＩＴと整合する価値観が浸透する。 ○ 現場は、「今、標準ロットサイズ何個で加工しているか、これを「段取り低減でどこまで１個流しに近づけるか」という改善だけを追求すればよい。 ○「標準ロットサイズ×タクトタイム＝標準リードタイム」は、中小・町工場にも適用できる流れ創りの管理尺度。かつ、設計・生技・本社会計も「リードタイムイコール加工費」というＪＩＴ経営型の会計思考が全社的に共有される。 ○ ムリ目の小ロット化を試みる、かんばんの枚数を減らすなどによるリードタイム短縮を試みると、問題が顕在化する。その問題解決を通じ、標準リードタイム自体を更新する。（標準値自体の管理であって、「標準と実績の差異の管理ではない」）。 ◎ 実際LTの測定 ◎モノと情報の流れ図を描く 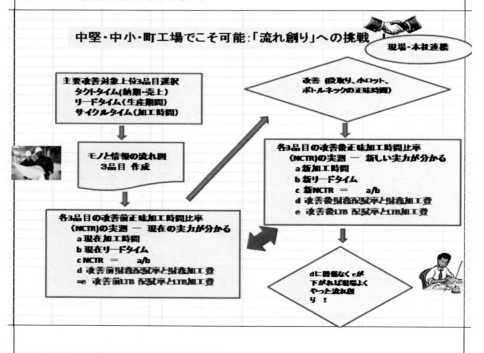	フロントローディング

○ ITツールや標準値がない中小、町工場でも、主要品目数点（全品目でなくてもよい）を、目視でストップウオッチあるいはビデオカメラなどで、当該品目のロットサイズ、正味加工時間と待ち時間を、工程ごとの途中計時つきの実際リードタイムとして測定する。これで流れ創りの進化程度が分かり、わくわく感につながる。

◎ **非繰り返し製品（個別受注生産）の場合の個当り標準LTの設定**

○ 設計・生技で作成する部品表（BOM）の中の工程マスターで、品目別標準タクトタイム、標準ロットサイズ、生産工程手順、各程標準ＬＴ（＝段取り時間＋正味加工時間＋標準待ち時間）を登録する。これにより工程別標準ＮＣＴＲ（＝標準正味加工時間比率/ 標準リードタイム）が設定される。

∴ 当該品目ＮＣＴＲ＝Σ工程別正味加工時間/Σ工程別ＬＴ

○ **各生産工程のリードタイム短縮**

当該製品→構成ユニット→品目の階層構造のうち最長経路（クリティカルパス）品目の標準ＬＴの遵守が最優先する。当該品目の生産工程のうち、ボトルネック工程のＬＴ短縮改善のみが、当該品目のＬＴ短縮に利いてくる。

○ 小ロット化等によりＬＴ短縮が実現した場合は、標準ＬＴを更新する。「（旧標準ＬＴ－新標準ＬＴ）×ＬＴＢ配賦率＝原価低減額」として、（ＬＴ短縮が原価低減として評価される品目は、構成品目のうち、クリテイカルパス品目のみである。）

No. 125	JIT 本社力（中上級）： 流れ創りを支える貸借対照表中心の会計	備考
	会社の実力というものは、貸借対照表に如実に反映されている。流れ創り(スピード重視)を目指すJITの導入成功率を高めるのは「現場力」以上に「本社力」である。 ◎(すり合わせ型製品の)トップ、本社経理が、P/LではなくB/S中心の経営に視点を切り換えると「何故、JITか？」が明快となる。 ◎ 貸借対照表中心の会計観 「B/SはP/Lが何年分も蓄積された結果です。要するに、会社の実力というものはB/Sに如実に反映されている。P/Lをいじくって目先の利益を出すのは簡単だけど、B/S改善は長い時間をかけないとできることではない。（キヤノン御手洗社長）」 ◎ 対策その1　損益計算書中心の会計観の諸症状の自覚 ○ B/S在庫減によるP/L利益減を、本来キャッシュ増のグッド・ニュースなのにバッドニュースと勘違いしてせっかく始めたJITをやめる企業がある。 ○ B/S資産の部に残留する不良・滞留資産を、P/L利益が減るのをおそれて帳簿から落とせない。このような企業に感謝するのは税務署だけ？ ○ (発生主義)会計の粗さを利用して、多少の赤字を多少の黒字に見せかけるのは合法的に可能だが、結果的に社内の実力が会計では分からなくなり、わくわくしなくなるのが大問題。そこで、ＪＩＴ向けの財務指標を、今の会計のままでどう設定するか、が知恵の絞りどころ。 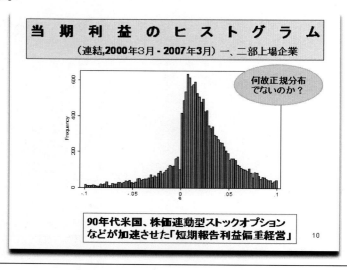	B/S：貸借対照表 P/L：損益計算書 C/F：キャッシュ・フロー計算書

◎ 克服策 その2　「貸借対照表フロー論」に立つ

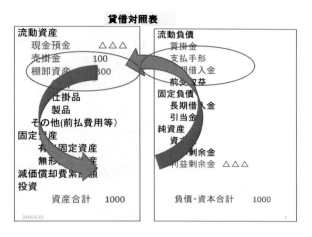

○ 会計情報の首座は貸借対照表(B/S)で、その本質は（資金循環の）フロー情報である。調達資金が、運転資金や固定資産・研究投資に向かい純資産に還流する。

○ [背景] このような貸借対照表フロー論は、シュマーレンバッハの動的貸借対照表をはじめとして会計構造論としては存在した。（杉本典之(1991)『会計理論の探求』同文館、佐藤靖(1995)『動的会計測定の論理』同文館、万代勝信(2000)『現代会計の本質と機能－歴史的および計算構造的研究』(博士論文要旨)　など）

◎ ところが、近年のIoTの急速な進化により、取引の都度、リアルタイムに貸借対照表を更新する技術的可能性がでてきた。その結果、「P/Lはフロー情報、B/Sはストック情報」という二元的会計構造論から脱皮する可能性がでてきた。　　　　　　　　　　　　　　　　　瞬間貸借対照表

◎ **IoTによる「目的に応じて異なる貸借対照表」、特に「オール入力価格（取得原価）」の「純粋貸借対照表」の生成**

　クリーン・サープラス関係（損益計算書で計算された期間損益と、貸借対照表における純資産の増減額が一致する関係）があって始めて、「貸借対照表の質を高めれば収益力の中長期的向上につながる」という実務が成立する。国際会計基準(IFRS)、米国基準、国内基準などに対応する一方で、社内ではＢＳＱの信頼度の高い「純粋貸借対照表」で実力の進化度を測定するという「目的に応じて異なる貸借対照表」を、向け先別に出力することが、射程距離に入ってきた。

No.126 「ＲＯＥとＢＳＱ」,「 CCC と SCCC」の連携プレー　　備考：国連CEFACT日本委員会データ

○ 日本の上場企業100社平均での金の流れる速度,"現金循環化日数"（63日）は米国の上場企業（45日）に約20日負けている。
　検収、請求、入金まで含めてみると日本のものづくりは、まだ米国に負けている！調達や経理も含めた「JIT経営」の視点が必要である。

①物の流れと②金の流れを複眼で見るJIT経営

	①	②=①+④+⑤	③=①+④-⑤	④	⑤	⑥(参考)
	物の流れ	金の流れ	CCC			
	棚卸資産回転日数	サプライチェンC/F	運転資金要調達期間	売上債権回転日数	仕入債務回転日数	ROE
トヨタ						
2013	33.8	111.1	22.8	33.1	44.1	11.1
2014	33.0	101.2	22.2	28.7	39.5	16.4
2015	35.2	103.7	23.0	28.2	40.3	16.7
AV	34.0	105.3	22.7	30.0	41.3	14.7
日産						
2013	51.7	144.7	17.3	29.3	63.7	11.7
2014	46.4	126.9	13.6	23.8	56.6	11.4
2015	48.6	136.0	14.9	26.9	60.6	11.9
AV	48.9	135.9	15.3	26.7	60.3	11.7
本田						
2013	58.6	143.2	41.3	33.6	51.0	11.2
2014	48.5	141.5	62.9	53.7	39.3	14.0
2015	50.0	166.1	87.1	76.6	39.5	9.6
AV	52.4	150.3	63.7	54.6	43.3	11.6
マツダ						
2013	50.9	134.1	23.5	28.0	55.3	10.9
2014	54.0	133.8	21.9	23.9	56.0	30.6
2015	57.1	138.6	23.2	23.8	57.7	25.9
AV	54.0	135.5	22.8	25.2	56.3	22.5

（出所：日経Needsデータより編集）

○ SCCC（Supply Chain Cash Conversion Cycle:）は、CCC(現金循環化日数)（＝売掛金回転日数＋棚卸資産回転日数−買掛金回転日数）の買掛金回転日数を減算ではなく加算とするだけ。両者とも短いほどよい意味は同じ。

○ CCCは、支払いサイトを延ばす(つまり流れが悪くなる)だけでも短くなるので、流れの評価にはならないが、「当社は運転資金調達にどれだけの日数が必要か」つまり「運転資金要調達期間」が分かる貴重な意味がある。

◎表では、日産やマツダの⑤は支払いサイトが長い分、⑤の運転資金要調達期間は短かい反面、①の社内のリードタイムでは、トヨタにかなり劣る。その結果、「トータルとしての金の流れ」は、ROEやCCCでは目立たないトヨタが、SCCCでは結局先頭に躍り出る。

備考：SCCC（サプライチェン：現金循環化日数）

◎トヨタとマツダを例にとって、ROE との関係も見ながら比較すると
　マツダの近年の堂々たる⑥ROE の高さはイノベーションの成果である。
　そのためマツダとトヨタは開発面で提携を結んだ。マツダの⑤CCC もト
　ヨタと変わらない。

○しかし、⑤の支払いサイト差 ①の社内の生産リードタイム差を併せた
　②の金の流れ（SCCC）はトヨタよりかなり長い。①の社内の在庫回転日
　数では、トヨタより 20 日分遅れている。その分、運転資金をトヨタに
　比べ多額に必要としている。地域経済への影響を含め、リードタイム、
　SCCC でもトヨタとの差を詰めるときを迎えている。

◎21 世紀は、グローバルサプライチェーンとマイナス金利の時代である。
　仕入先には、検収合格したら月末を待たずに、当日すぐに支払う。
　物の流れと同期して、伝票なしで支払いまでつなぎ、調達業務を
　を月末集中から解放して平準化する。社会的にはその分、資金循環が
　豊かになる「超スマート社会」。IoT とプル生産が連携したカネの流れの
　仕組みづくりが 競争のときを迎えている。

ROE＝
株主
資本
比率

No.127	わくわくJIT：インダストリー４．０と 中堅・中小企業	備考

「次世代モノづくり」実現に向けた新たなビジョンとなる、ドイツのインダストリー4.0（第四次産業革命）、アメリカのインダストリアル・インターネット等が注目されている。

○多くの大企業は独自に検討を進めている。その結果、大企業は各ユーザー独自の仕様や、各ベンダー独自の仕様が世の中に氾濫することになる。

○一方、中堅・中小企業においては、「ＩｏＴ：Internet of Things」で何をしたら良いか分からない状態になっており、更に取り残されるおそれもある。そこで、わくわくＪＩＴ研究会では、中堅・中小企業が「ＩｏＴ」で何をしたら良いかを示し、「ＩｏＴ」に対応する無駄な時間・無駄なコストを省く。

◎「ＩｏＴ」の前にやるべきこと

中堅・中小企業は、下記の様な状況となっており、「ＩｏＴ」を行う前にやるべきことが山ほどある。

- 古い生産設備
- 手作業を主とする生産設備
- 効率の悪い生産設備
- 無駄の多い大量生産方式設備
- 効率の悪い工場レイアウト

古い生産設備や効率の悪い古い設備に無理やり「センサー」を付け設備の見える化を実施しても、「ＩｏＴ」による効果は出てこない。上記の対応後に初めて「ＩｏＴ」が有効となる。

事例①　無駄の多い大量生産方式設備

＜改善前＞大型設備による大量生産方式

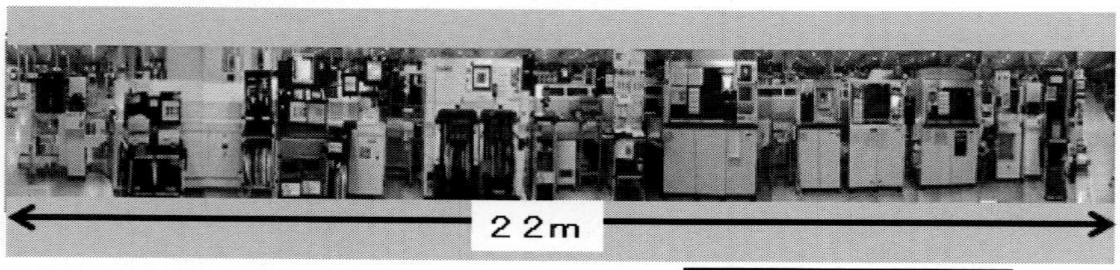

← 22m →

30個／ロット

＜改善後＞小型設備による少量生産方式

中間在庫0個
1個／ロット

0.4m

事例②　手作業を主とする生産設備

＜改善前＞多工程：プレス加工→フエルト貼り付け（人）

＜改善後＞単工程：ハイブリット加工（同時作業）

事例③　手作業を主とする生産設備

＜改善前＞効率の悪い工場レイアウトはできたら直したい。
＜改善後＞スーッと流す「一気通貫」工場

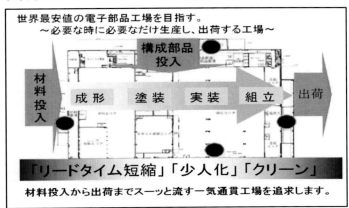

◎「IoT」は目的ではなく、手段とする。
　各種ベンダー企業は、インダストリー4.0のブームに乗り、一様に「IoT」を実施すると、「設備の異常の見える化」ができ「うれしい筈だ！」と主張。一方でユーザー企業は一様に「異常の見える化」がきても、現在困っていないので「うれしくもなんともない！」
〇このような並行線を突破するのが
　① スーッと流れる1個流しの損得について本社・現場・ITの三者が価値観を統一し、その共有化された価値観をIoT化する。
　② ①も大事だが、それ以前の現実的な問題として、中堅・中小製造業に「労働人口減」が必須となり、アルバイトゼロ、新卒ゼロの対策が待ったなしとなってきた。

事例④　労働人口減に対応した「IoT」の利用
　この工場では、3人の作業者が8台の成形機を担当していた。その後の改善により、現在は2人の作業者で担当。しかし、今後新しい作業者が入る見込みがない。そこで、「IoT」の力を借りることにより、1人作業者が可能となった。この状況により、ユーザー企業とITベンダー業がはじめて「IoT」の必要性を共有することができた。

◎「ヒト・モノ・カネ・価値」を別々にではなく総合的に検討
〇「次世代モノづくり」は、売上に完全同期する無駄のない製造プロセスの最少資源で達成するモノづくりを狙う。
〇　その「次世代モノづくり」では、ドイツもアメリカも「IoT：Internet of Things」の活用を前面に掲げるが、ビジネスの要素となる「ヒト・モノ・カネ・価値」のつながりの検討が不足している。

◎ 経営の価値を何に求めるかは、国柄、事業の性格や製品アーキテクチャーによっても異なる。経済価値か人が育つことか、経済価値といっても短期利益か中長期的競争力か、期間利益か資金の流れかなどの価値観を整理した上で、ＩｏＴ化する手順が大切。

○ 特にモノの流れに対応するカネの流れについては検討されていない。インダストリー4.0の関係者は技術系の人が中心になっているため、お金は重要であるとは分かっていても、どの様にすべきか分からないのが現状である。

○ 一方でビットコインを代表とする「ｆｉｎｔｅｃｈ」革命が、日本にも上陸している。しかし、こちらも金融関係者が集まり議論をしており「ものづくり」の関係者は参加していない。日本は、ものづくりで成り立つ国なので、ものつくりも考慮した「ｆｉｎｔｅｃｈ」革命を検討すべきである。

○そこで、わくわくＪＩＴ研究会ではビジネスの要素を構成する「ヒト・モノ・カネ・価値」を総合的に検討し、「ＩｏＴ：Internet of Things」及び「ＩｏＭ：Internet of Money」も考慮して検討する。

○人を大切にする、人が育つという視点が根底にあることが、
我が国製造業の99%を占め、イノベーションの担い手である 中堅・中小・町工場のものづくりの前提になければならない。

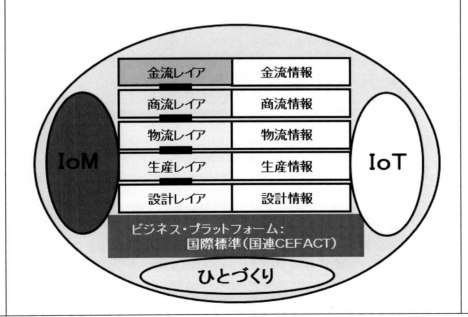

V-1 付箋集 - その1 （なんでもOK、本音の集結）

メンバーからの「現実の状況」1件・1枚の付箋 約100件 これらとどう向き合う "わくわくJIT研"

No.	
1	TPSを通して、やりがいを感じられる現場／チーム作りにつなげるには?
2	TPSを学ぶワクワク感をどう伝えるか?
3	TPSを効率的／体系的に学ぶ方法は無いか?
4	TPSを継続するための風土はどう作るのか?
5	1個流しによる流れ作りにおける利点の認知度UPが必要 （カレーも機械も1個流し！）
6	管理部門が一方的、上から目線で現場へ、"ムリ"を押し付ける。
7	現場にデータを書かせる、転記させる、数勘定をさせる。
8	データ取りが多くなるが、本当にいかされているかの検証が十分にされていない。
9	データをとることが現場の仕事になっている。
10	他部門とかかわらなくていいような社内のルールになっている。
11	会社のグループ長レベルの人間が、他のグループのことを何も知らない。
12	社長の方針を理解している者が少ない。各自、都合のいい解釈をしている。
13	業務が部門ごとに独自に運用されており、統一化ルールになっていない。
14	リーダーシップをとれるJIT実践者がいない。
15	外部要因のせいにしたがる。
16	TPSはなぜイヤか、あるいは逆になぜ好きか?
17	一般的にTPSへのアレルギー、よく思われていない? 中小企業の再生との関係は?
18	「カイゼン」の仕方、がわからない。
19	改善が考えられ、提案できる風土がない。
20	改善項目が続かない。継続の問題。
21	納期遅れを回避するために作り過ぎになる。
22	残業することが仕事していると評価され、生産性の評価が難しい。
23	日本の中小企業に適したTPSを考えて欲しい。
24	営業からの短納期受注に対し、明らかに工数がかかることがわかっているが、「お客様のため」という言葉に負けて、生産管理が毎日（ムリな）納期調整をしている。
25	販売の仕組みがどうJITに組み込まれるべきか?
26	会計ルールに惑わされない、お金の捉え方が必要
27	本社(会計)は、JIT経営とは無関係、ないし無関心である
28	経営に本当に貢献する指標になっていない。（原価、P/L、B/S）
29	資材が相場変動の大きなモノの場合、1個流し的な購入活動は是となるか?
30	弊社の課題として、「現場、会計、ITの全社最適ジャストインタイム」の概念を幹部が理解して、効率的な生産管理システムを導入致したい。
31	リードタイム短縮が財務にどう反映したか見えない。
32	会社の成績表の正しい読み方、無理解（時間軸でのムダの見える化）
33	TPSで、原価的に儲かるの?
34	二重帳簿で実態が見えない。
35	会社の命令としての伝票書きではなくて済む自主的、自動的入力方法
36	TPSは仕入先を巻き込む必要 1(トヨタにとりデンソーはその第1号だった)
37	海外工場の評価ができない。
38	アジアローカル企業用の評価チエックシートを作る。
39	アジアへのTPS導入方法
40	トヨタ生産方式とインダストリー4.0との連絡
41	インダストリー 4.0 にコストの話を入れたい。
42	企業の決算で一番信頼できないのは仕掛。上場会社でも信頼性は低い。原因は標準原価計算精度の粗さにある。
43	経営者にラフでもいいから、目標を明確化させるだけでも企業体質は変わる
44	会社側(オーナー)の自分のこだわりが有るため、変革は容易ではない
45	作業標準を作っていないない。作る時間が取れない。
46	トヨタ生産方式のサプライヤーさんには、原価や実績収集などは「かんばん」だから不要だと言われてしまう。
47	改善意識が挙がらない。年代、部署によっても差が大きい。これで、TPSを実践しても効果はでるのか?
48	多品種生産で段取りなど多く必要となっても、流れでの利益があがるのか、設備は現状のままでも?
49	建前の仕事が多い（管理、監督者） 社長から現場を見ろと言われるが、現実は建前仕事に追われている。
50	組織の役割が上下関係になっている。（上司⇔部下。営業・開発部門⇔製造部門）
51	役職者の考え方、スキルは評価できるが、部下に対して論理的な説明をするスキルが無い人がほとんどである。
52	社長以外のJIT推進者がいない。方針の意識付けが弱い
53	現場レベルが低く、理想に追いつけていない。教育が現場まかせの上、教育できるものが現場にいない。
54	現場と会社の考え、方向がまったくあっていない。むしろ対立している。実行できない理由を相手の問題にしている。

V-1 付箋集 - その2 (なんでもOK、本音の集結)

No.	メンバーからの「現実の状況」1件・1枚の付箋 約100件 これらとどう向き合う "わくわくJIT研"
55	納期遅れの対策を在庫のみで対応しようとしている
56	まとめ生産で不良品が多く出る。挽回するのに、残業での対応になる。不良原因がつかめないため、再発してしまう。(利益がなくなる)
57	残業や不具合対応に追われ、改善活動ができないので社員のやる気が低下していく。
58	段取りを減らすため、まとめ生産の計画を立てている。必要数以上のものをつくるため、置場所もなく在庫になっている。必要なものがないときもある。
59	本社、現場、ITのつながりがない。(物、情報、協力心)がないため、何を実行しても上手くできない。すぐに止めてしまう。
60	全社(現場、本社他)でTPSの効果についての指標をオーソライズさせ、その指標に基づいた経営を推進させることが出来るか？
61	経営者と現場側の真のコミュニケーションが出来ているか？
62	「正しい原価計算の仕方」とは。改善結果の原価計算への反映の仕方とは？
63	TPSのITへの活用方法と効果の評価方法
64	人の価値を評価する方法は財務には無いのか？
65	生産性向上の評価指標
66	社長と現場のコミュニケーション不足(お金・時間の捉え方について)
67	TPSはカンバンとあんどんと、ジャストインタイムは有名だが、本来の目的や内容の理解が充分でない。
68	お客様への納期どおりの納入が最優先で、生産の効率化が後回しになっている。
69	TPSと総原価、スペース生産性の改善の関係を明らかにしていくことが、全体の理解につながると思われるが？
70	上司と部下、本社と現場、お互いの役割を知り、理解し、任せあえる信頼感が薄い。
71	トップみずから先頭に立って、理解し、推進、判断することがTPS推進のキーポイントと思います。
72	遊ぶ時間を捻出することが、ムダをなくすことである
73	見たくないものは見ない。見せたければ、見たくなるような、自然に目に入るように表現する必要。
74	自分はよく分かっている、プロであるという思い込みをどうやって取り去るか。
75	改善により原価低減で個別原価は下がるが、全体原価はかわらない。現状維持、右肩下がりの場合の会計上の改善効果は、どこにあるのか？
76	ITを導入することにより会計のメリットは？また、デメリットはないか？
77	リードタイムを短縮したことに対する会計上の効果はどこに出るのか
78	TPSの効果を原価管理システムで見える化することができるのか。
79	省人でき、1人削減できた。外注へ出している仕事を取り込んだが、その件で外注さんの仕事が減ってしまった(外注さんの存続問題が発生した)
80	リードタイム短縮で効果がでたが、コンピュータシステムが対応できない(日単位のコンピューターでは効果が分からない)
81	TPSの改善の尺度がうまく利益に結びつかない。
82	導入して、まだ1年くらいですが、言葉がなかなか浸透しない(各々が違う意味で同じ言葉を使っている)
83	TPSを頭で理解したつもりでも、現実、現場で実践できない。
84	トヨタ社員として20代のころ、「トヨタの人間は金太郎飴」と自虐的に言い合っていた(1970年代)。トヨタのトップから第一線まで同じ事を言っていると言うこと。考え方が統一されていたということであり、どうしてこのような意識付けが可能であったか？どのような仕組みでやり遂げたのか？
85	現場力が衰退した背景は一般業務の比率が増えたことであるが、現場の管理監督者には思い悩む必要のない楽な一般業務に逃げ込むのは当然。人間は弱いものだから。上司である経営者の理念不足。現場への課題与えの不足が真の原因。経営者の努力不足につきる。
86	段取り時間短縮はモノづくり好転化の原点。最適化可能となり、原価低減できる短納・即納が可能となる。モノづくりにこだわる男子一生のテーマで惜しくないもの。この価値に経営者が気付かない現場は努力から逃げる。これは同じく考え不足である経営者の責任である。
87	在庫が少なくて、急な受注に納期対応するには、すばやく段取り替えし、すばやく造る現場力への能力を高めておく必要がある。この為の努力研鑽から逃れたい保身を図る現場管理者が理路整然とした反論を述べ、周りをごまかす。金しか解らない経理者、財務者。経理・財務が理解できず、だまされる経営者。この3者の組合せが現実。
88	JIT導入の阻害要因が文化面にあるなら、「文化を変える」活動でないと巧く行かないのではないか？
89	得意先のJITのせいで在庫が溜まってしまう下請け会社の問題解決。コレが出来れば普及は進む。
90	研究開発部門を担当しているが、研究開発の各ステージ(調査、研究、開発、商品化)での評価をTPS(JIT、自働化)の考え方、手法で考えたい。(各テーマの継続、棚入れ判断など)
91	全社員(経営層と現場レベル)の「利益」の理解。考え方を統一するには？
92	システム構築に際し、ユーザーはシステム屋への丸投げが多く、迷走プロジェクトが多くなっている。経営者へのIT経営の本質を理解するセミナーや社内のコア人材育成が課題と思う。
93	トヨタさんからは標準化された流れができているが、その他の企業(特に中小企業では)平準化の納入＝生産ができない。団子納入、突発納入の現状には、団子生産せざるを得ない場合がある
94	外部のステークホルダーへのコミットは売上げ、利益であるので、TPS導入で成果が出ても説明しにくい。
95	人件費が原価のほぼすべてを占めるソフトウエア開発業において、生産性の向上をどう測定するか？
96	イノベーション！ イノベーション！ と叫ぶ経営者に、どうオペレーションの重要性を説くか？
97	創業時に経営システムが意識されず、設備と人でとりあえずスタートして、それが100人～1000人となっている広島のマツダ関連会社。
98	利益を上げる為にはコストを下げるか、売上げを増やすしかないのか。

V-II わくわくJIT研究会ベースキャンプ

ESD21：全社最適JIT経営研究会テンプレート
(2015/7/3 現在)

メンバーからランダムに提起された100余枚の付箋を「流れを創る」命題のもとに、なんとか課題別に分類整理したテンプレート。(各付箋の表現をそのまま採用したものもあり、カスタマイズにあたっては、適宜調整頂きたい。) これがわくわくJIT研のベースキャンプである。このベースキャンプの分野・課題を、分かってwhat-howの関係をさらに深堀りし、ものが立ち戻る原点としたい。特にJIT経営の枠には、超短期間での1個流しなどJITへの転換を試したメンバー企業から抽出した「成功必須条件」。このうちどれか欠けても、一気にJIT導入成功は遠退くと推察される。JIT経営は容易に進まない反面、「ゲーム」、「トップの本気度」、「本社のサポート」などの影響が満たされた場合一気に加速すると推察される。

命題 = （顧客に向かう、良い）流れを創る

A 組織風土の活性化と文化遺伝子の組み換え（不可視領域：目に見えないが最重要）

- **A1 組織風土を活性化（元気な組織にする）**
  - **A1-H 「心のルネッサンス（若返り）」**
  - **A1-W1**
    ○経営トップは、「人間観、仕事観」を繰り返し発信し、結果として「仕事を面白くする」。OTPS = 人間尊重、改善、現地現物

- **A2 文化遺伝子（思い込み）を組み換える**
  - **A2-H1 組み換えるべきサンス**
    - ▲ 在庫を減らすと納期が守られる。→ 在庫少ないほど、納期は守れる
    - ▲ まとめて作ると個当りコストが安くなる。→ 剥いで作るほど個当りコストがキャッシュが得
    - ▲ 各工程で能率を向上させるのがよい。→ 能率アップはボトルネックだけが得、あとは損
    - ▲ 設備を遊ばせない。→ 必要でないものの加工はむしろ損

    以上が出来ても利益が増えないと本社は言うかもしれない。そもそもない場合 ⇒ 本社の文化遺伝子をどう組み換える？

    JITの何が得かを、端的にロジックで明らかにする（業種、規模別）。（経営者は、投資に見合う「保証」が欲しい）
    ⇒「やってみないけりゃわからない」「抽象度の高い説教」では相手にしない

  - **A1-W2 不断に改善を行う風土をつくる改善提案評価・顕彰制度**

  - **A2H1-W1** 旧文化遺伝子を否定するロジックを明確にする

  - **A2H1-W2** TPS批判や誤解に対し、論理で回答する。（感情ではなく）→ 粘り強く

  - **A2H1-E** 常に「リードタイムと加工時間」をセットで見つけロットにした文化遺伝子に組み換える。短期利益狙いが何故損か ⇒ 在庫、利益、キャッシュの論理関係 ⇒「待つ時間が原価の理解不可欠 →「個当り原価を下げる＝ベースキャンプD3参照」

  - **A2-H2E** 社内の誤解例は「粘り強く話せば分かる」
    ① TPSは下請けいじめ ⇒「叩いて安く買うなど流れ創りと無関係（大野）」
    ② TPSは「EOQ」を無視 ⇒ EOQ自体が運搬費のムダ。最後は1個流し。
    ③ 段取改善はEOQ自体が減る。最後は1個流し。
    ④ 多頻度搬送は「運搬費が増える」⇒「運搬費C/Fはプラスだから得」
    ⑤ 原価低減だが、「増分差額」私は在庫ゼロなどと言ったことは一度もない（大野）⇒標準手持
    ⑥ 在庫ゼロはムリ ⇒ 私は在庫ゼロなどと言ったことは一度もない（大野）⇒標準手持
    ⑦ 仕入先に在庫がないと対応できない。⇒ ゼロまで減らせる。引取り1回分だけの在庫以外は、ゼロまで減らせる。
    ⑧ 工程間の手持ちがないと突発に対応できない。⇒標準手持手持ちを在庫と持つ
    ⑨ 標準手持ないと客先の変動をモロに被る ⇒まとめづくりする変動対応は困難
    ⑩ 在庫たまると利益が減る ⇒ 会計格差
    ⑪ 在庫減らすと利益が減る ⇒ 本社の理解不可欠
    ⑫ まとめて作ると、個当り原価が下がる ⇒ 会計格差みの重症文化であること証明
    ⑬ まとめて作ると、個当り原価が下がる ⇒ 会計格差みの重症文化である D3参照

命題がふさわしい製品は、個当り正味加工時間が経過時間（リードタイム）数百分の1に過ぎないすり合わせ型製品。日本の強みと言われるが改善余地のいわゆる「宝の山」。「流れのりめかからできているモジュラー型製品には別の命題がふさわしい。

ブロック略号（各付箋の性格）

W (What)	何を行う	目的
H (How)	いかにして行う	手段
M (Measure)	測定尺度	W,Hの達成程度
Q (Question)	質問	想定質問
A (Answer)	回答	想定回答
E (Example)	例	該当事例

流れを創るとは、「よどみなく・ものが流れる」ことである。このときのよどみの程度の測定は、「正味加工時間/リードタイム」(NCTR)

A1

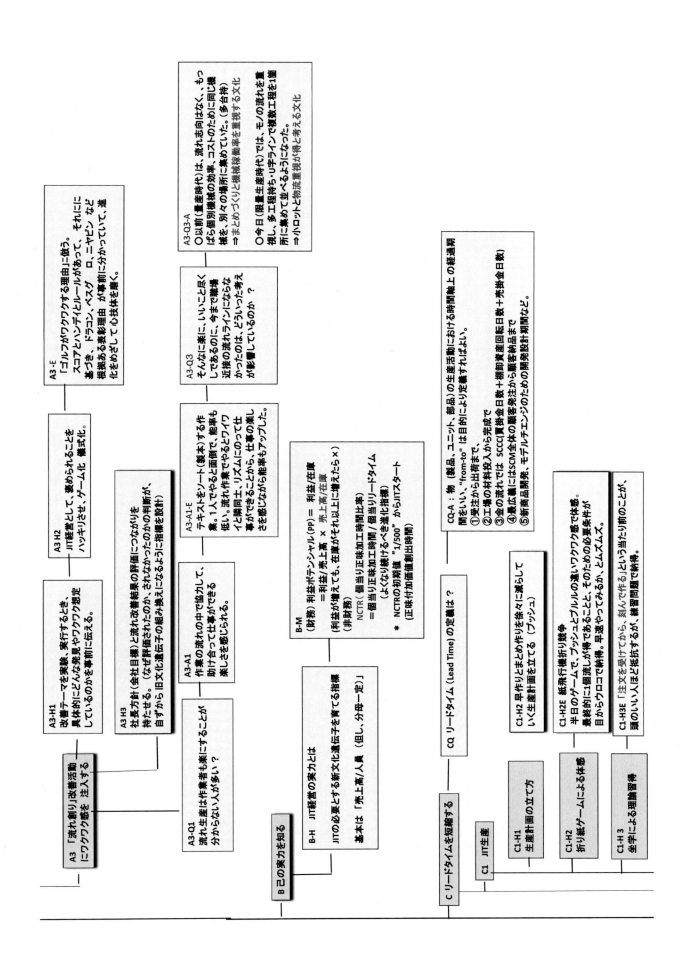

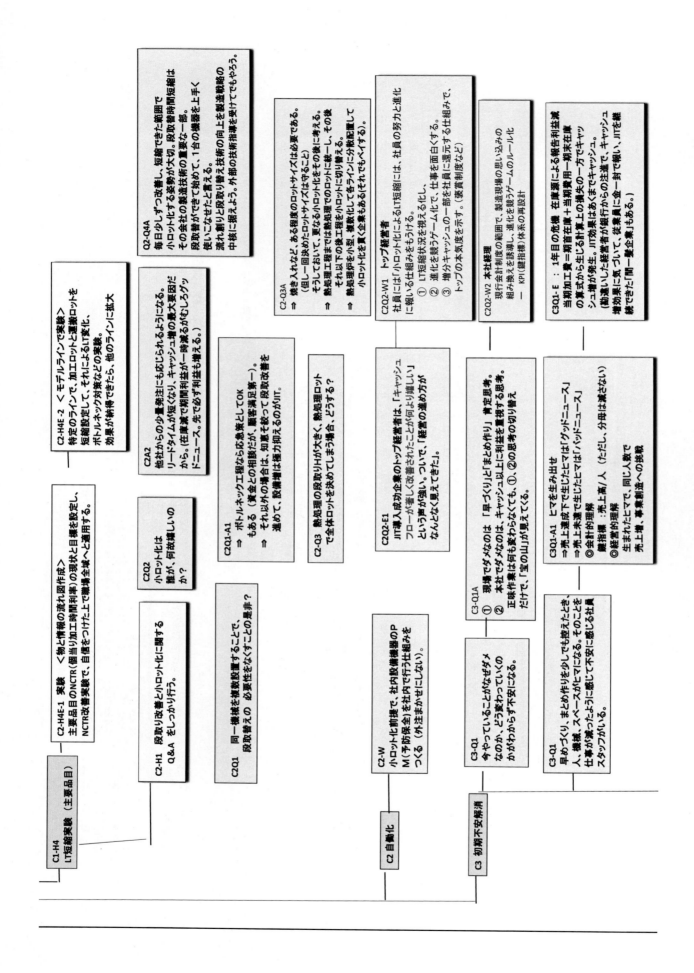

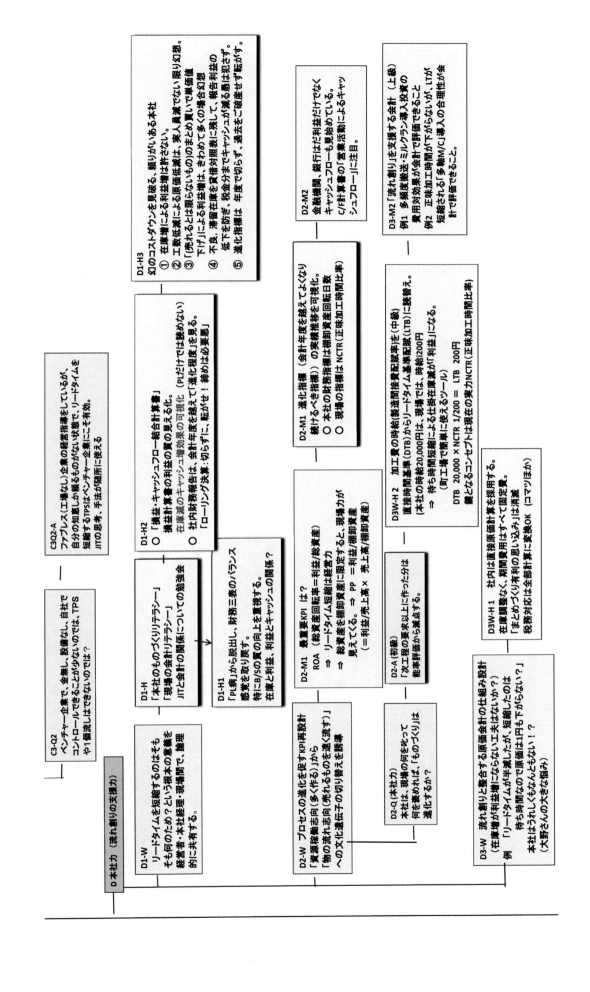

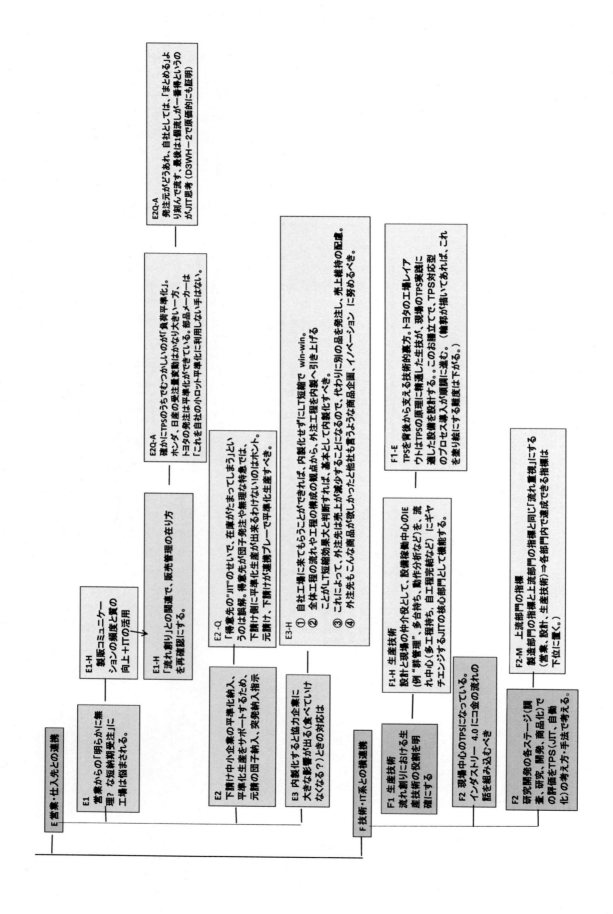

V-3 分科会編成 / メンバー一覧

NO	Key Issue別分科会編成	目的・キーワード
1	JIT経営 概念 用語定義 全体調整	各分科会発信内容の統一性、整合性の確認
2	LT基準配賦(LTB)・原価計算基準	短期利益至上主義克服策 待ち時間の原価化 (LTB)
3	LT短縮・初級編	早作り、まとめ作りからの脱出、売上維持下のヒマ創りと活用、紙飛行機折り
4	LT短縮・中上級編	平準化、一個流し、売れ速度変化への即応体制。NCTR、原価企画
5	LT測定・可視化法	ITベース、非IT(中小・町工場)ベース それぞれの見える化
6	わくわくKPI・指標構築 海外・子会社	海外子会社の進化・わくわく指標は？ (移転価格税制対応等)
7	わくわくKPI・指標 運用編	現場日次、財務月次 実力把握 IT有・無の双方に対応
8	会計構造論	財務三表(資産・費用・Cash)相互関係、会計の使命、測定と制御
9	IoT、インダストリー4.0 対応	JIT経営としてどう対応、ITなし中小企業の対応策
10	品質管理	PM、TPM・TQM、自工程完結、品質組み込み 変化点
11	生産計画	IT (MRP、ERPの有無双方に対応) e-カンバン (上級)
12	生産技術	設計と現場の仲介 物流 現場JITの支援法 JIT関連投資回収計算

全社最適ＪＩＴ経営研究会（わくわくJIT研）メンバー一覧

河田 信	名城大学名誉教授 椙山女学院大学客員教授
野村 政弘	リネットジャパングループ㈱監査役, ㈱デンソーOB
神谷 亜季菜	リネットジャパングループ㈱
今徳 義宣	㈱三五 OB
西野 直也	(公)浜松地域イノベーション推進機構
川口 恭則	KEアシスト代表, トヨタOB
和澤 功	ESD21 理事長
池山 昭夫	株式会社ＢＩＢ 代表取締役
兼子 邦彦	小島プレス工業㈱ 総務統括部参事
山中 誠二	テービーテック㈱ 取締役
佐土井 有里	名城大学経済学部 教授
古川 忠始	㈱古川電機製作所 代表取締役
荒木 雅広	㈱古川電機製作所 経理チーム・情報システムチーム次長
鈴木 雅文	㈱リーンランド研究所 代表取締役
杉野 正和	協和工業(株)
黒岩 惠	ESD21 会長
中村 敏	NECソリューションイノベータ㈱ イノベーション戦略本部
太田 昭男	３Ｃテクノコンサルタント所長, トヨタOB
岸田 賢次	名古屋学院大学名誉教授, 岸田賢次税理士事務所長, ファイナンシャルプランナー
瀧野 勝	瀧野技術士事務所, 博士/技術士, 岐阜大学非常勤講師
竹野 忠弘	名古屋工業大学大学院工学研究科准教授
梅田 浩二	名古屋市立大
柘植 敏行	愛知製鋼
神谷 栄多	株式会社エドテック代表取締役

中堅・中小・町工場向きのJIT経営入門　"わくわくJIT研究"第1ラウンド報告

2016年11月18日　　初版発行
2017年 4月 1日　　第2版発行

　　　　著　者　　一般社団法人 持続可能なモノづくり・人づくり支援協会
　　　　　　　　　　（略称ESD21）
　　　　　　　　　全社最適ジャスト・イン・タイム経営研究会
　　　　編集責　　河　田　信

　　　　　　　　発　行　株式会社　三恵社
　　　　　　　　〒462-0056 愛知県名古屋市北区中丸町2-24-1
　　　　　　　　　　　TEL 052 (915) 5211
　　　　　　　　　　　FAX 052 (915) 5019
　　　　　　　　　　　URL http://www.sankeisha.com

乱丁・落丁の場合はお取替えいたします。
ISBN978-4-86487-570-7 C3050 ¥1200E